含章·图鉴系列

水生植物图鉴

陈煜初 付彦荣 主编　　含章新实用编辑部 编著

江苏凤凰科学技术出版社 · 南京

图书在版编目（CIP）数据

水生植物图鉴 / 陈煜初，付彦荣主编；含章新实用编辑部编著 . -- 南京 : 江苏凤凰科学技术出版社，2024.11.--ISBN 978-7-5713-4587-7

Ⅰ .Q948.8-64

中国国家版本馆 CIP 数据核字第 2024Q44Z97 号

水生植物图鉴

主　　编	陈煜初　付彦荣
编　　著	含章新实用编辑部
责任编辑	倪　敏
责任设计	蒋佳佳
责任校对	仲　敏
责任监制	方　晨
出版发行	江苏凤凰科学技术出版社
出版社地址	南京市湖南路 1 号 A 楼，邮编：210009
出版社网址	http：//www.pspress.cn
印　　刷	天津丰富彩艺印刷有限公司
开　　本	880 mm × 1 230 mm　1/32
印　　张	6.5
字　　数	245 000
版　　次	2024 年 11 月第 1 版
印　　次	2024 年 11 月第 1 次印刷
标准书号	ISBN 978-7-5713-4587-7
定　　价	39.80 元

前言

水生植物是指生长在水环境下的植物，它们通常具有发达的通气组织和根系，茎强韧，叶子柔软而透明，有些形状如丝状，可以增加与水的接触面积，吸收水中的溶解物，保证光合作用的进行。它们兼具净化水质、固坡护岸、增加生物多样性等功能，是营造园林和湿地景观不可缺少的植物材料，有着良好的生态和文化价值。

本书收录了百余种生活中常见的水生植物，并根据形态特征与生长环境，将其划分为挺水植物、浮叶植物、浮水植物、沉水植物及湿生植物五大类。书中对每一种植物都标注了学名、别名、科属和类别，还从其形态特征、生长环境、分布区域、繁殖方式、养护管理、价值作用等方面进行了详细介绍，兼具实用性与趣味性。书中汇集了大量精美图片，全方位、多角度展示水生植物的整体和局部特征，力求帮助读者更透彻、更深入地了解每一种水生植物。

阅读导航

介绍水生植物的别名、科属，了解水生植物的基本情况。

介绍水生植物的基本信息和外形特征，包括植株的茎、叶、花、果实、种子等的形态，让读者对水生植物的各个部位有充分的认识。

介绍水生植物的生长环境和分布区域等，让读者了解水生植物生存与生长所依托的环境。

介绍水生植物的生长周期，如萌芽期、生长期、花果期或休眠期。

别名：毛鞘芦竹　科属：禾本科，芦竹属　多年生挺水草本

芦竹

茎节较多，常有分枝

圆锥花序，分枝稠密

有发达的根状茎；秆粗大直立，茎有多节，常生分枝。叶鞘生于节间，无毛或颈部具长柔毛；叶片扁平，上面与边缘略显粗糙，基部为白色，抱茎。圆锥花序，分枝稠密，斜升；背面中部以下有密集的长柔毛，两侧上部有短柔毛。颖果细小，黑色。多生于河岸道旁的沙壤土中。

生长环境：喜温暖，喜水湿，有较强的耐旱性、耐贫瘠性，但不耐寒；多生长于南亚热带至北亚热带地区，水体深度不超过 50 厘米。

秆粗大直立，茎部多分枝，斜升上举，小穗绿色或带紫红色

分布区域：我国广东、海南、广西、贵州、云南、四川、湖南、江西、福建、台湾、浙江、江苏等地多有分布。热带地区有分布。

繁殖方式：有性繁殖和无性繁殖均可。有性繁殖在 3 月进行。无性繁殖有分株、扦插两种方式。分株繁殖于早春进行，将根茎切成 4~5 个芽一丛，然后移植。扦插繁殖可在春天进行，将茎秆剪成 20~30 厘米一节，每个插穗都要有节间，插入湿润的泥土中，30 天左右间节会萌发白色嫩根，然后定植。

养护管理：苗期要做好中耕、除草工作，一般于 5 月上旬、7 月上旬分别施肥一次，追肥后浇水；萌芽期注意防治病虫害。

生长周期：3 月初开始萌芽，花果期为 9~11 月，12 月进入休眠期。

34　水生植物图鉴

介绍水生植物的各种价值，如生态价值、观赏价值、食用价值、药用价值、经济价值等。

观赏价值：芦竹叶似芦苇，秆似竹，植株秀丽挺拔，可于庭院中、桥头、建筑物旁小面积种植，亦可丛植或片植于堤岸水际线，既有映衬造景的作用，又可以改善生态环境。

生态价值：对重金属有很好的吸附作用，十分适合丛植，用以改善人工湿地或浮岛的生态环境。

园艺种类：花叶芦竹。芦竹的变种，其植株体量比芦竹小，生长迅速，叶片有金黄色或银白色条纹，喜水耐旱，略耐寒，我国各地均可种植。

介绍该水生植物的相关物种与品种，让读者更好地对水生植物进行辨别与对比。

丛植的花叶芦竹

花叶芦竹叶片呈两行排列，叶具白色条纹

芦竹是纸浆和人造丝的原料，还能用作青饲料，其秆可制管乐器的簧片

芦竹叶舌膜质，截平，先端具短纤毛；叶片扁平，披针状线形

全书配有高清彩图，全方位、多角度鉴别与欣赏水生植物。

目录
Contents

了解水生植物

挺水植物

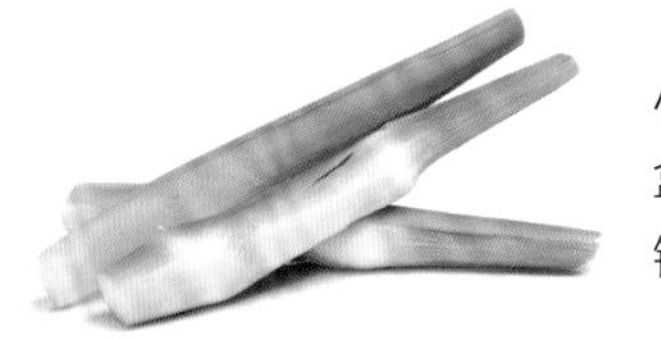

第二章 浮叶植物

第三章 浮水植物

第四章 沉水植物

第五章 湿生植物

序章

了解水生植物

本章从水生植物的种类、形态、繁殖及园林种植等多个方面入手，介绍常见水生植物的茎、叶、根及其价值，并配有相应彩图，方便读者对水生植物有整体的了解。

什么是水生植物

水生植物是指植物体的部分或全部长期生活在水中，并能在水中完成繁殖的一类植物，它们比陆地植物更依赖水。除此之外，一些生活在水池或小溪边湿润的土壤里，茎、叶不会浸泡在水里，而根部长期生长在潮湿土壤中的湿生植物也可称作水生植物。

水生植物的分类

水生植物的分类方法有系统分类法、生长型分类法、生物学特性分类法、经济价值分类法及生活型分类法等多种。其中，生活型分类法的应用最广泛，它简单明了地反映了水生植物的特性及习性，是一种较通俗的分类方法。水生植物按生活型分类法可分为挺水植物、浮叶植物、浮水植物、沉水植物及湿生植物。

挺水植物

挺水植物是指根系或根茎生于底泥中，茎或叶子挺出水面的水生植物。其植株大多高大，花色艳丽，绝大多数有茎、

挺水植物香蒲的根部生于水下底泥中，植株直立，茎叶分明

叶之分。挺水植物种类繁多，常见的有莲、千屈菜、菖蒲、黄菖蒲、水葱、再力花、梭鱼草、芦竹、香蒲、泽泻、风车草、芦苇、菰等。

浮叶植物和浮水植物

浮叶植物与浮水植物相似，它们的大部分植物体都生活在水中，区别在于，浮叶植物的根系固着于水下底泥中，而浮水植物的根系则在水体中。浮水植物的根系浮于水体中，随水流而动，生长空间向四周扩展，往往能占据较大的空间，获得更多的光能。常见的浮叶植物有睡莲、荇菜等，常见的浮水植物有凤眼莲、满江红等。

凤眼莲的叶面挺出或浮于水面

沉水植物

沉水植物的整个植株都沉于水体之中，有发达的通气组织，能在水中进行气体交换。沉水植物的叶多为狭长形或丝状，能吸收水中部分养分，在水下弱光的条件下也能正常生长发育。沉水植物对水质有一定的要求，因为水质浑浊会影响其光合作用。沉水植物分为根着沉水植物和漂浮沉水植物两种。常见的沉水植物有黑藻、金鱼藻、竹叶眼子菜、龙舌草、菹草等。

水族箱内的植物多是沉水植物

湿生植物

湿生植物多指喜水性植物，根茎以上的部分不宜长期浸泡在水中。湿生植物多生长在沼泽、水池或小溪边沿湿润的土壤里，根部完全可以浸泡在水中。常见的湿生植物有花菖蒲、斑茅、狼尾草等。

花菖蒲适应性很强，既能湿生也能旱地种植

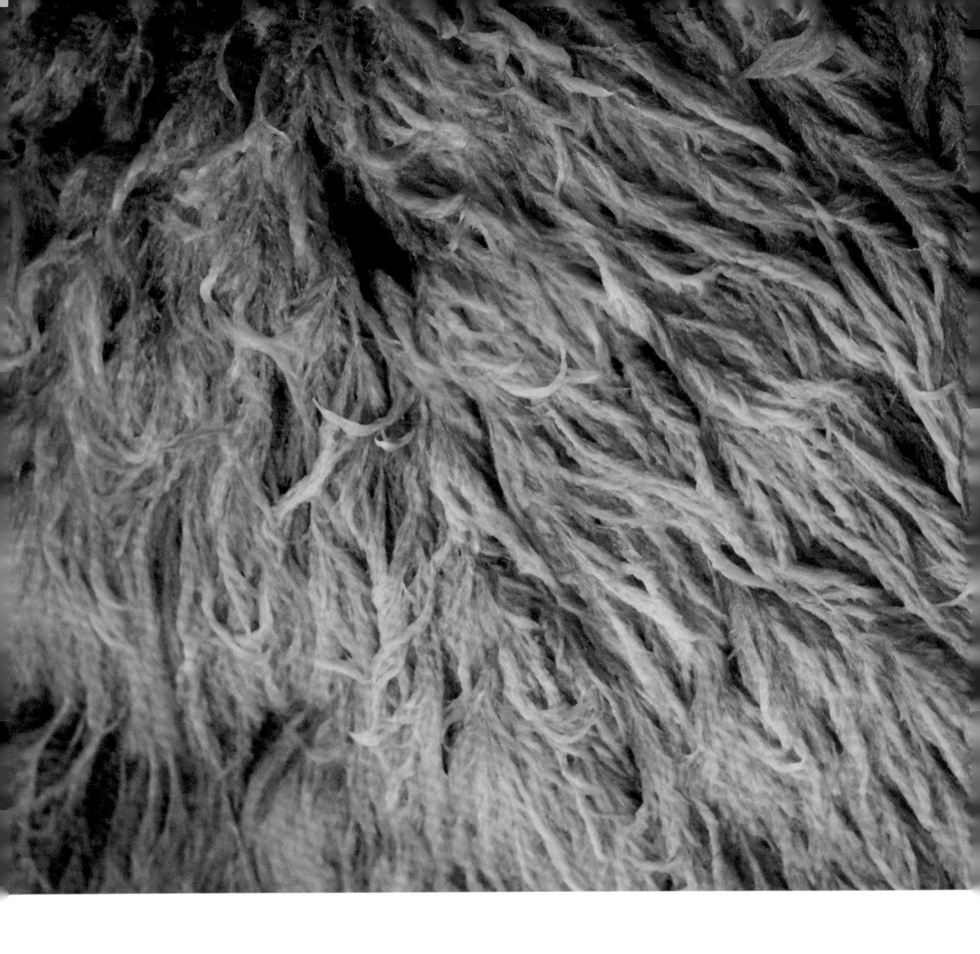

水生植物的形态

叶

根据生态环境的变化，水生植物分别发育出沉水叶和浮水叶，有的植物还会同时拥有两种或两种以上的叶型。一般来说，水生植物在幼苗阶段多数会发育沉水叶，随着植株的生长会相继长出浮水叶和挺水叶。

（1）沉水叶。多为线状、线状披针形、羽状深裂或全裂，一般而言，浮叶植物、浮水植物和挺水植物都有沉水叶。

水蕨的沉水叶

（2）浮水叶。叶片宽阔，长宽比例很接近，多为圆形、椭圆形或心形。

王莲的浮水叶

（3）挺水叶。即长在水面上的叶片。当环境干燥缺水时，有些水生植物可以直接长出挺水叶，如慈姑。

（4）异型叶。有些水生植物同时有挺水叶和浮水叶，或有挺水叶和沉水叶，抑或是同时有挺水叶、浮水叶和沉水叶。

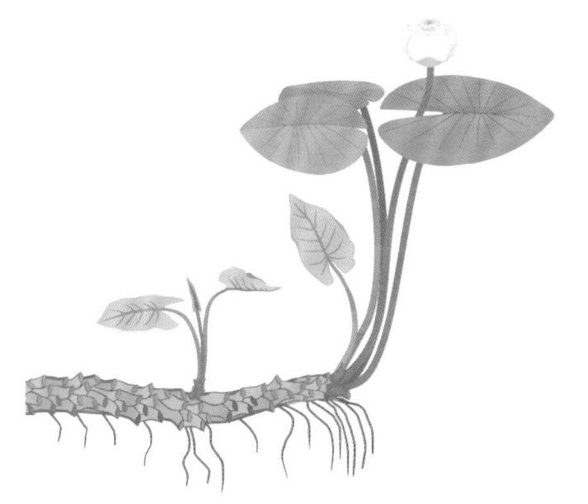

萍蓬草的叶（示意图）

根系

水生植物的根系多为须根系，多数植物的根状茎发达，起着固着和储存营养物质的作用。少数水生植物有白色、海绵状的气生根；还有部分沉水植物是通过茎和叶来吸收水中营养的，减弱了根系的吸收功能，这使得有些沉水植物甚至没有完整的根系。

（1）须根。生于泥土中或悬垂于水中，有固定和平衡植物，以及吸收养分的作用。

（2）退化型根。有些浮水植物的根部几近退化，或缺少根系。

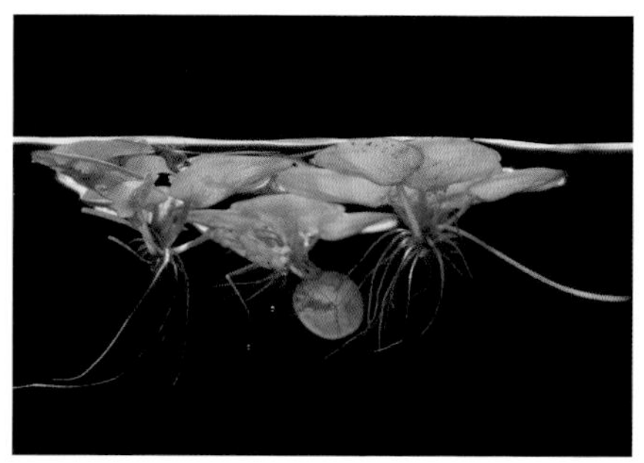

浮水植物的退化型根

一些沉水植物也有退化型根

茎

水生植物的茎多有发达的通气组织，其变态茎能发育成多种类型，如球茎、块茎、根茎等。发育球茎的水生植物会同时发育根茎。此外，沉水植物的茎通常较柔软，这是为了适应水体环境，因为柔软的茎可以随水流而变形，避免因水流而出现折断的现象。

（1）直立茎。茎干垂直地面，直立向上生长。

直立茎会挺出水面

（2）匍匐茎。又称横走茎，基部的旁枝节间较长，每个节上可生叶、芽和不定根，如蕹菜和凤眼莲。

蕹菜的匍匐茎

凤眼莲也生有匍匐茎

（3）根状茎。又称根茎，气室发达，营养丰富，繁殖力强，如莲。

莲的根状茎极其发达，是主要的繁殖器官

（4）球茎。球茎里贮藏了丰富的养料，如荸荠、慈姑。

荸荠的球茎用于繁殖，具有食用价值

水生植物的生长环境

光

光照时间的长短对水生植物的生长和发育有重要的影响。

线形叶面可提高挺水植物的光合效能

挺水植物的叶片挺出水面，可以直接接受光照，光合作用条件良好。挺水植物中大部分植物的叶片呈线形，减少了叶片彼此的相互遮盖，提高了光合作用效能。

浮叶植物和浮水植物靠浮在水面上或露出水面的叶片完成光合作用，大部分

叶片背面处于水中，有较好的降温作用，这样更有利于叶片表面对光能的利用。当浮水植物过于拥挤时，会有部分叶片挺出水面，达到增强光合作用的目的。

沉水植物能接受的光照十分微弱，因此通过形态和生理上的机制演化来适应弱光，进而完成生长所需的光合作用。光对沉水植物的生长发育及繁殖有重要的影响，很多人工培育的沉水植物在生长期与繁殖期需进行补充光照，以消除光照不强及弱光带来的不利影响。

温度

温度对水生植物的影响主要有以下三方面:

（1）温度限制水生植物的分布。温度对水生植物的分布影响主要取决于低温，这是因为低温的持续时间如果过长，会让水生植物的有效积温达不到生长发育要求，使其不能完成正常的生长发育，不能开花结果，进而对其分布带来影响。

（2）温度会影响水生植物的繁殖。低温对植物的生长发育有影响，同样，高温亦如此。通常情况下，水生植物的无性繁殖比有性繁殖更为普遍，而温度对无性繁殖的影响也是十分明显的。如再力花、梭鱼草、千屈菜、香蒲、菹草等植物进行无性繁殖时，有的需要高温，有的则需要在秋季低温期进行。

（3）温度影响水生植物的光合作用。水温会随着季节的交替而产生变化，同时影响到植物的光合作用。在不同的温度下，植物对光的需求和饱和点是不同的。温度越低，植物对光的需求越高，也就是说，在低温季节需要对植物进行适当的补光。

水位

水生植物对水的依赖性非常强，水位的高低会对其生长、分布及繁殖造成影响。

（1）湿生植物。水位对湿生植物的影响最大，水位线的高低直接决定了湿生植物的分布线。

（2）挺水植物。对水深有一定的适应性，但通常以低水位为宜，因为低水位更有利于其萌发，还能促进底泥中喜氧微生物的活动；若水位过高，由于缺氧、缺光及水压等，对挺水植物生长不利。

（3）浮叶植物。因根着底泥中，水位过高会把叶子拉入水中而淹死；或因高位水，其叶子无法长出水面而死亡。

（4）浮水植物。植物漂浮在水面之上，水位的高低对其没有特别明显的影响。

（5）沉水植物。不喜高水位，如果水位过高，会使其光照减少，影响沉水植物的光合作用，也会使底泥中的微生物缺氧，不利于植株生长。

水质

水生植物的分布和生长发育都会受水质影响，水质则受水体中微生物、悬浮物、透明度、酸碱度等因素影响；酸碱度不仅能影响水生植物的分布，还会影响水体中无机碳源的存在形式，进而影响水生植物的光合效能。每一种水生植物都有适宜的酸碱度，一般而言，水生植物适宜的水体 pH 值范围是 6.0~8.5，一些沉水植物在短期内可接受 pH 值 9.0。

底泥

底泥对水质有着重要的调节作用，可以释放微量元素、保持水的活性、促进植物光合作用，从而助益水生植物的生长。除了浮水植物对底泥的要求不高，在栽植其他水生植物时，底泥需要有足够的厚度及密度，这样才能保证植株可以抵抗流水和浮力，从而固着植株。一般可用田土、池塘淤泥等有机黏质土打底，表层铺盖粒径 1~3 厘米的粗砂，这样既能防止灌水，又能避免因震动造成的水体浑浊现象。

（1）挺水植物。要求底泥必须有固着的作用，这一点对挺水植物是至关重要的，底泥的厚度与密度要能使挺水植物抵抗流水和浮力。此外，还应注意底泥的营养成分。

（2）浮叶植物。底泥的作用与挺水植物类似，需有提供养分与固着的功能。

（3）浮水植物。无须固着，但是底泥释放的营养物质可影响浮水植物的生长。

（4）沉水植物。对底泥的依赖较大，虽然部分沉水植物的根系并不发达，但在种植时，必须保证底泥的固着与充足的养分，能释放出足够的营养物质来为植物生长提供营养。

水生植物的繁殖

有性繁殖

（1）播种前的准备。在播种前可用冷水或温水浸种，水温控制在 40℃左右，使种皮变软或种子吸胀后再进行播种。如种皮坚硬可采用刻伤种皮、药剂处理等方法；有些水生植物的种子需要在水中贮藏，使种子完成休眠，翌年再进行播种。播种的方式主要有撒播、点播、条播 3 种。

（2）播种期。水生植物通常在春季，水温回升后进行播种，有些可以在夏末秋初播种；也可随采随播。有些水生植物的种子极为细小，可与细沙掺在一起，这样更方便播种。

（3）播种土。播种土可用 3 份泥炭土加 1 份沙配成播种用土；也可用腐叶土或细沙土作为播种用土。

无性繁殖

（1）分株法。将母株中具有独立生长能力的部分分离出来进行繁殖的方法，包括侧芽、节部不定芽、叶胎生芽等。

（2）扦插法。利用水生植物营养器官的再生能力，切取根、茎等，插入苗床后长出新植株的繁殖方法。

（3）压条法。利用秋末、初冬修剪下的成熟茎秆枝节，平置在阳光充足的水生植物菌床中，通过节部的芽萌发长成新植株的繁殖方法。

水生植物的园林种植形式

自然式种植

自然式种植就是把植物直接种植在水体的底泥中，大部分水生植物的种植均采用此种方式。一般从水体中心至岸边，根据水深的变化，依次种植浮水植物、沉水植物、浮叶植物，然后是挺水植物，最后是湿生植物。自然式种植需要人为控制水生植物的长势，避免植物自繁而影响甚至破坏水生植物景观。

容器种植

容器种植是指把水生植物栽植在容器中，再将容器沉入水中。容器的大小可以根据施工条件和水生植物的规格选择，常用的容器有缸、盆等，近年来也多用美植袋。一般不用有孔的容器，因为培养土及其肥效很容易流失到水里，造成水质污染。容器种植可根据植物的生长习性和整体景观要求进行布置，同时还限定了水生植物的生长范围，便于应用与管理，特别适合于底泥状况不够理想和不能进行自然式种植的地方。

种植槽种植

种植槽种植是指在水中砌筑种植槽，再铺上加了腐殖质的培养土，然后将水生植物直接栽植在种植槽中。此种种植方法可有效地限制水生植物的生长范围，有利于保持水生植物景观的稳定性。

水生植物的管理

疏除

栽植后，需要对生长迅速、扩散能力强的水生植物进行疏除，一般种植 1~2 年后可进行一次疏除或分株，避免水生植物因生长过密而影响其健康。

施肥

施肥时宜采用化肥，不宜使用有机肥，因有机肥容易污染水质；此外，用量要少。

水体维护

定期观察水位，避免水生植物出现缺水或受淹的现象。如果产生浮株，应及时打捞并重新栽植。对沉水植物，应适时观察水体透明度，及时打捞衰败的残枝，避免其腐烂后对水质造成影响。

越冬

越冬时，南方地区的水生植物仅有部分枯黄的叶片，只要及时清理即可；北方地区的水生植物则会全部枯黄，在清理时应保留 10 厘米左右高的根茎，并对根部进行培土保温，这样可以避免低温损伤水生植物的根系。

防治病虫害

水生植物在生长发育期间如遇密度过大、光照不足、通风不良、水质污染等情况，极易发生病虫害。

（1）菱白绢病。多在夏秋季天气闷热、湿度大时发生和蔓延，水质污浊时植株更易发病。最初在叶片中部出现少数黄色小病斑，随后逐渐扩大。可通过合理疏除，防止夏、秋季节水面植株过于拥挤，保持水质洁净，防止污染等方法避免病害；发病时应及时摘除病叶，用甲基托布津或多菌灵加水稀释 500 倍，喷雾防治。

（2）叶斑病。多在植株开花或结果期出现，叶片上产生多数圆形斑点，在潮湿天气长出灰色霉层，严重时全叶腐烂。可通过增施磷、钾肥来预防叶斑病。发病初期可用 70% 的甲基托布津 800~1 000 稀释液和 25% 的多菌灵 500 倍稀释液喷雾防治，二者交替使用，每周一次，持续 2~3 周便可治愈。

（3）黑斑病。叶上出现褪绿的黄色病斑，后期呈圆形或不规则形，变褐色并有轮纹，边缘有时有黄绿色晕圈，上生黑色霉层。严重时，病斑连成片，除叶脉，全叶枯黄。多在雨季、夏季水温过高或氮肥施入过多的情况下发生。可通过加强栽培管理、及时清除病叶来防止病患扩散；也可喷施 75%的百菌清 600 ~ 800 倍水溶液进行防治。

（4）蚜虫。水生植物在生长发育期，如果光照不足或通风不良，易遭受蚜虫危害。发现虫害时，可用敌敌畏 1 200 倍水溶液喷杀。

水生植物的造景应用

水际线配置

水际线配置是指沿着水体岸线，在水位线两侧配置水生植物的方法。水际线是水生植物种类丰富的区域，主要以挺水植物和湿生植物为主。水际线的植物配置除了要考虑植物的叶形、花色、株形、体量等因素，还应考虑水位变化对植物的影响，一般而言，水际线配置的植物应具备一定的耐旱性。

常见的水际线配置

水深梯度配置

水深梯度配置是指水生植物从水体岸线

向水体中心区域的配置方法。在植物配置方面，应充分考虑水体深度变化对水生植物的影响。通常是湿生＋挺水＋浮叶＋沉水＋浮水的配置方式，兼顾不同植物的习性特点，按照造景要求进行排列配置。

湿生植物+挺水植物+浮叶植物

水族箱配置

水族箱配置的关键在于植物种类的选择与搭配，需要了解植物的色彩、习性及生长高度，以决定其在水族箱中的位置。通常来讲，中景位置应该选择颜色浓郁的植物，如红蝴蝶；前景辅以低矮型植物，如牛毛、矮珍珠、针叶皇冠等；背景搭配较大型的植物，如狐尾藻、皇冠等。

水生植物的价值

净化水质

水生植物进行光合作用时，能吸收环境中的二氧化碳，放出氧气，在固碳、释氧的同时，水生植物还会吸收水体中的许

多有害物质，从而净化水质，改善水体质量，恢复水体生态功能。如凤眼莲对氮、磷、钾元素及重金属离子均有吸附作用；而芦苇除具有净化水中的悬浮物、氯化物、有机氮、硫酸盐的能力，还能吸附水中的汞和铅等。

美化水景

水生植物点缀在水面和岸边，有很强的造景功能。水生植物历来是构建水景的重要素材之一，各种水体的美化都离不开水生植物的功用。像风吹苇海、月照荷塘这类风景，都会令人触景生情，产生美的遐想；而曲水荷香、柳浪闻莺这类景点，皆是因为用水生植物造景而古今闻名。

固坡护岸

水生植物的生长增加了土壤中有机质的含量，提高了土壤的持水性，改善了土壤的结构与性能。另外，湿生植物及部分挺水植物栽植于水陆交界之处，其发达根系的较强扭结力，能减少地表径流，防止水对泥土的侵蚀和冲刷。因此，种植水生植物既能改良土壤，提高肥力，又能保持水土，起到固坡护岸的作用。

水族箱美化

在养殖观赏鱼的水族箱中加入一些植物，可增加自然趣味，提高水族箱的观赏性。在水族箱中生长的水草主要为沉水植物，如苦草、虾藻、金鱼藻等。有的水草叶色碧绿、姿态华丽，极具观赏性；有的水草布置在水族箱四周用作点缀、衬景；还有的水草能遮阴降温，为观赏鱼类营造良好的生态环境。

盆栽绿化

在室内摆放一盆水生植物，可以给生活带来更多的温馨和浪漫。如海芋，又名滴水观音，作为盆栽深受欢迎；再如萱草、碗莲、纸莎草、小香蒲等，都是理想的室内盆栽植物材料，运用得当，能够显著美化我们的生活环境。

第一章

挺水植物

挺水植物的适应能力强，其根系或根茎生于底泥中，茎或叶子挺出水面。根系发达，有深根型和浅根型之分。植株高大，花色艳丽，种类繁多。常见的挺水植物有木贼、菖蒲、蕺菜、水葱、梭鱼草、芦竹、香蒲、泽泻、芦苇等。

菖蒲

根茎横走，稍扁，有分枝，有较多的肉质根及毛发状的须根。基生叶，基部两侧有宽 4~5 毫米的膜质叶鞘，向上渐狭；草质叶片，绿色，有光泽，呈剑状线形。花序柄三棱形，长 15~50 厘米；叶状佛焰苞剑状线形，长 30~40 厘米；肉穗花序斜向上或近直立，狭锥状圆柱形，直径 6~12 毫米；花黄绿色。浆果长圆形，红色。

生长环境：喜光，稍耐阴，喜温热，耐低温，多生长于河流、湖泊、池塘、沼泽等处。

分布区域：广泛分布于温带、亚热带地区；我国各地均有分布。

生长周期：南方地区 4~5 月为花果期；北方地区 6~9 月为花果期。

繁殖方式：有性繁殖和无性繁殖均可。有性繁殖时，可将当年成熟的浆果清洗后进行播种，翌年春天即可发芽。无性繁殖在全年均可进行，其中以早春时节为佳，将根状茎切 2~3 节插入苗床上即可。

生态价值：对环境有很强的适应性，耐寒，耐贫瘠，除氮、磷的效果很好，能够吸收水体中的镉，对重金属污染的水体有极佳的修复作用。

我国民间有端午节悬挂菖蒲的习俗

常于水际线附近片植

陆地种植的菖蒲也很常见

菖蒲造景一角，能够净化水体、美化环境

别名：金叶菖蒲　**科属：**菖蒲科，菖蒲属　多年生挺水草本

花叶菖蒲

是菖蒲的园艺变种。株高 70~100 厘米。根肉质，须根较为密集。根茎上部的分枝较多，茎丛生。叶茎生，质地较厚，剑状线形，长 70~100 厘米，宽不足 3 厘米，先端长渐尖，叶片纵向近一半宽为金黄色。肉穗花序斜向上或近直立，花黄色。浆果为红色，长圆形。

须根白色

生长环境：喜湿润环境，有较好的耐寒性；适宜种植在水深 40 厘米以内的水体中；喜软质底泥，稍耐阴；喜光照环境。

分布区域：我国浙江、江西、湖北、湖南、广东、广西、陕西、甘肃、四川、贵州、云南、西藏等地均有栽培。

繁殖方式：无性繁殖。分株繁殖宜在春、秋两季进行，将植株挖起苗后剪除老根，取 2~3 个芽为一丛，栽于盆内或分栽于苗地中。育苗期间需保持土壤湿润。

生长周期：2 月中下旬进入萌芽期；3~6 月为花期；5~6 月为果期。

养护管理：春季萌芽时应注意防范虫害，越冬时应保持水位高于越冬芽，这样可以避免越冬芽被冻伤。

药用价值：根茎可入药，可强身健体，能调理腹胀、腹痛和食欲不振。

观赏价值：叶片挺拔秀丽，黄绿双色叶片，看上去层次分明，多用于装饰园林内的水系景观，也可作为阴湿地带的地被植物。叶片可作为切叶装饰室内。

叶片挺拔秀丽，色彩明亮

常植于池边、溪边、岩石旁等地，作林下阴湿地被

黄菖蒲

根状茎粗壮，直径可达 2.5 厘米，斜向上生长，茎部有明显的节；有黄白色的须根及皱缩的横纹。叶为基生，灰绿色，宽剑形，顶端渐尖，基部鞘状，中脉较明显。花茎粗壮并稍高于叶片，有明显的纵棱，上部有分枝，茎生叶比基生叶短且窄；花黄色，垂瓣上部为长椭圆形，基部近等宽，多数有褐色斑纹，旗瓣呈淡黄色，花径 10~11 厘米。蒴果长形，内有褐色种子数枚，有棱角。

生长环境：生长适应性较强，有一定的耐旱性，喜光，喜温暖的环境，但也有较好的耐寒性。在水位较高或潮湿的土壤中均能种植；喜软质底泥，种植水位在 55 厘米以内则长势良好。

分布区域：原产于欧洲，在中国大部分地区均有栽植。

繁殖方式：有性繁殖、无性繁殖均可。播种繁殖在种子成熟后可立即进行，这样有利于种子的萌发，播种后 2~3 年即可开花。分株繁殖一般每隔 2~4 年进行一次，于春、秋两季或开花后进行。分割根茎时，以 3~4 个芽为好。分株不要太细，否则会影响翌年开花。进行分株繁殖时，应将植株上部叶片剪去，留 20 厘米左右进行栽植即可。

生长周期：南方地区于早春 2 月中下旬开始萌芽，花期为 4 月上旬至 5 月中旬，果熟期为 8 月下旬。

药用价值：根茎可入药，有祛风除湿、通经活络、化痰止咳、驱虫杀菌的功效。

观赏价值：叶丛、花朵特别茂密，是各地湿地水景中使用较多的花卉。无论配置在湖畔，还是池边，其展示的水景景观都颇具诗情画意。春夏之交，用几支黄菖蒲瓶插点缀客厅，令人心旷神怡。

黄菖蒲的花直径 10~11 厘米

丛植黄菖蒲开花时分外美丽

水体种植的水位不宜超过 55 厘米

陆地种植也可以成为良好的景观

生长周期：北方地区在 3 月中旬开始萌芽，花期为 5~6 月，果熟期在 8 月底。

别名： 石菖蒲、药菖蒲、九节菖蒲　**科属：** 菖蒲科，菖蒲属　多年生挺水草本

金钱蒲

常称为石菖蒲，根茎芳香，外部为淡褐色，肉质，须根较多，根茎上部分枝十分密集，分枝常生有纤维状宿存叶基。叶无柄，叶片薄，基部两侧膜质叶鞘上延至叶片中部，渐狭，后脱落；叶片暗绿色，线形。花序柄腋生，三棱形；叶状佛焰苞长 13~25 厘米；肉穗花序为圆柱状，上部渐尖，直立或稍弯。花白色。幼果绿色，成熟时为黄绿色或黄白色。

根茎上部分枝十分密集

肉质根，须根较多

圆柱状的肉穗花序，上部渐尖，直立或稍弯

生长环境： 喜冷凉湿润气候和阴湿环境，耐寒，忌干旱；多生于海拔 1 750 米以下的水边、沼泽湿地或湖泊浮岛上。

分布区域： 原产于我国和日本，现广泛分布在温带、亚热带地区。

繁殖方式： 以无性繁殖为主。在早春或生长期内将地下茎挖出，去除老根、茎及枯叶，切成若干块状，每块保留 3~4 个新芽，插入苗床即可。在生长期分栽，将植株连根挖起，洗净，去掉 2/3 的根，再分成块状，在分株时要保护好嫩叶、芽及新生根。

丛植于水际线

养护管理： 喜冷凉气候，种植前后应做好光、温、水的管理，以弱光、低温、清水、水流缓慢为宜。

观赏价值： 石菖蒲常绿，能适应湿润，特别是较阴凉的环境，宜在较密的林下作地被植物。也可用于布置水景或点缀阴湿小环境，片植、丛植均可。

生长周期：2 月底开始萌芽，4~5 月进入盛花期，8~10 月果期结束。

香蒲

根状茎为乳白色，地上茎较粗壮，上部渐细，叶片条形，光滑无毛，上部扁平，下部腹面略呈凹状，背面逐渐隆起呈凸形；叶鞘抱茎。雌雄花序紧密连接。果皮有长形褐色斑点；种子褐色，微弯。

生长环境：喜高温多湿的气候环境，同时有很好的耐寒、耐旱性，喜肥且耐贫瘠；多生长于农田、沟渠、湖泊、河流的浅水处。

药用价值：花粉可入药，称蒲黄。有活血化瘀、止血镇痛、抗凝促凝、利尿通淋、消炎杀菌的功效。

经济价值：香蒲是造纸和人造棉的重要原料。蒲叶可以用来编织工艺品，蒲绒可以填充枕芯和坐垫。

大面积片植的同科同属的狭叶香蒲（水烛）

生长周期：南方地区于2月底开始萌芽，花果期为6~8月；北方地区于3月底开始萌芽，花果期为7~9月。

别名：水蜡丸　科属：香蒲科，香蒲属　多年生挺水草本

小香蒲

地上茎直立，细弱，矮小。叶常基生，鞘状，近无叶片。雌雄花序远离；叶状苞片明显宽于叶片。雄花无被，有雄蕊 1 枚单生，花药长 1.5 毫米左右，花粉粒成四合体，纹饰呈颗粒状；雌花有小苞片；白色丝状毛先端膨大呈圆形，着生于子房柄基部，或向上延伸，与不孕雌花及小苞片近等长，均短于柱头。

生长环境：生于池塘、湖泊、水沟边浅水处，在一些水体干枯后的湿地及低洼处也较为常见。喜光，不耐阴，全日照的条件下生长良好；喜肥，不耐贫瘠；喜水，稍耐旱，同时具有较好的耐盐碱性。

繁殖方式：无性繁殖于 4~6 月进行，将香蒲地下的根状茎挖出，用刀截成每丛带有 6~7 个芽的新株，分别定植即可。有性繁殖多于春季进行，播后不覆土，注意保持苗床湿润，夏季小苗成形后再进行分栽。

茎直立向上

观赏价值：香蒲叶绿穗奇，常用于点缀园林水池、湖畔，构筑水景。可作花境、水景的背景材料，也可用作盆栽布置庭院。

水际线区域大面积片植

生长周期：南方地区 2 月底至 3 月初开始萌芽，5 月始花；北方地区 3 月底至 4 月初开始萌芽，6 月始花。

水烛

根状茎呈乳黄色或灰黄色，先端白色。地上茎直立，粗壮，高 1.5~3 米。叶片上部扁平，中部以下腹面微凹，背面向下逐渐隆起呈凸形；叶鞘抱茎。小坚果长椭圆形，有褐色斑点，纵裂。种子为深褐色。

生长环境：喜水，有一定的耐旱性，较耐贫瘠，对土壤厚度和肥力的要求不高，多生于湖泊、河流、池塘浅水处，水深 65 厘米以内皆可；沼泽、沟渠亦常见，当水体干枯时可生于湿地及地表龟裂环境中。

分布区域：我国东北、华北、华东、华南、西南等地常见。尼泊尔、印度、巴基斯坦、日本及欧洲、美洲、大洋洲等地皆有分布。

经济价值：花粉可入药；叶片可用于编织、造纸等；幼叶基部和根状茎先端可作蔬菜食用；雌花序可作枕芯和坐垫的填充物。它是重要的水生经济植物之一。

雌花序状如蜡烛

丛植于水边的水烛

生长周期：南方地区 2 月下旬至 3 月初开始萌芽；北方地区 3 月中下旬开始萌芽。

水葱

匍匐根状茎粗壮，须根较多。秆高大，呈圆柱状。叶片线形。长侧枝聚伞花序，单生或复出；小穗单生或2~3个簇生于枝顶端，卵形或长圆形，顶端急尖或钝圆，有花多数；花药线形，药隔突出；小坚果呈倒卵形或椭圆形，双凸状，少有三棱形，长约2毫米。

生长环境：多生长在湖边或浅水塘等一些静止或水流缓慢的水体中。喜光，喜热，也耐寒，喜肥沃底泥，有一定的耐贫瘠性；喜水也耐旱，在潮湿或水深55厘米以内的地方均能生长。

分布区域：产于中国东北各省，以及内蒙古、山西、陕西、甘肃、新疆、河北、江苏、贵州、四川、云南等地。朝鲜、日本、澳大利亚等国也有分布。

药用价值：地上部分可入药，主治水肿胀滞、小便不畅等症。

小体量水系如商住区绿地等水系适合丛植水葱

生长周期：南方地区2月中下旬开始发芽，4月开始开花。

观赏价值：水葱的植株高挺，茂密翠绿，可丛植或片植，十分适合在湿地水际线种植，造景时可与一些阔叶植物如再力花、海寿花、慈姑等搭配，既美观又有层次感。

园艺种类：（1）斑叶水葱。多年生草本植物，秆高大，圆柱状，茎秆上有银白色斑纹；多栽培于岸边、池旁，形态美观，也可用作盆栽进行庭院布景装饰。

（2）金线水葱。植株高大挺拔，茎秆上有黄白色的纵向条纹；多栽培于浅水湖边、池塘或湿地中。

水葱植株高挺，在涟漪水体的映衬下颇具妙趣

水深梯度配置，是造景中常用的方法

金线水葱性喜阳，耐盐性极强，栽于浅水中，除美化环境外，还具有良好的保土、净化水质的作用

斑叶水葱是水葱的变种，其秆上具有黄绿色斑驳，观赏价值较高

生长周期：北方地区于 3 月中旬开始萌芽，花果期为 6~9 月。

别名： 藨草、青岛藨草　　**科属：** 莎草科，水葱属　　多年生挺水草本

三棱水葱

匍匐根状茎较长，干时呈红棕色。秆散生，高 20~90 厘米，三棱形。叶片扁平，丛生，叶面有横向银灰色条斑，叶背有白粉，缘有小锯齿。复穗状花序从叶丛中伸出，小花序扁平。小坚果呈倒卵形，成熟时为褐色，有光泽。

直立生长的茎秆呈三棱形

生长环境： 抗寒耐湿，喜生于潮湿多水之地，多生于沟边塘边、山谷溪畔或沼泽地；喜光耐旱，消落区长势良好。

分布区域： 除广东、海南外，我国各地均有分布。俄罗斯、印度、朝鲜、日本等国也有分布。

药用价值： 全草可入药，主治食积气滞、呃逆饱胀等症。

观赏价值： 植株挺拔直立，色泽光雅洁净，整体形态美观大气，主要用于水面绿化或岸边、池旁点缀；也可盆栽庭院摆放或沉入小水景中作观赏用。三棱水葱的生长侵略性较强，用于造景时，宜与再力花、海寿花、水葱、慈姑等一些不易被入侵的植株种类搭配。

丛植于水际线区域

复穗状花序，小花序扁平状

生长周期：3 月初开始萌芽，南方地区的花果期为 5~10 月；北方地区的花果期为 6~9 月。

水毛花

根状茎粗短，有细长的须根。秆丛生，呈锐三棱形，基部有 2 个叶鞘。苞片 1 枚，为秆的延长，直立或稍展开；有小穗 5~9 串，聚集成头状，假侧生，卵形、长圆状卵形、圆筒形或披针形，顶端钝圆或近于急尖，有花多数；鳞片卵形或长圆状卵形，顶端急缩成短尖，近于革质，有红棕色短条纹；下位刚毛 6 条，有倒刺。小坚果呈倒卵形或宽倒卵形，扁三棱形，成熟时暗棕色，具光泽，稍有皱纹。

生长环境：多生于海拔 1 500 米以下的水塘边、沼泽地、溪边牧草地、湖边等，常和慈姑同生。

分布区域：我国除新疆、西藏以外的其他地区均有分布。

繁殖方式：有性繁殖和无性繁殖均可。通常使用无性繁殖中的分株法进行繁殖，在整个生长期都可以进行，将苗整丛挖出后，分成 10~20 芽的小丛，进行栽植即可。

种植要领：水体种植时，以水深 55 厘米以内的净水或波浪微小的水体为宜；在 4~10 月的生长期都可进行移植，移植密度为每平方米 6~9 丛，每丛 80~120 芽。

养护管理：水毛花的长势强，在种植一年后应适时进行疏除，避免植株过于繁茂而提前枯黄。

观赏价值：水毛花的植株繁茂，秆翠绿挺拔，丛植或片植所呈现的视觉效果十分壮观，适合在小型水景中沿岸丛植。

成片生长的水毛花

水毛花丛植于小型水景中

生长周期：南方地区在 2 月底至 3 月初萌芽，5~9 月进入花果期；北方地区萌芽时间稍晚。

别名：光三棱　科属：香蒲科，黑三棱属　多年生挺水植物

黑三棱

花序轴直立

茎直立，挺水

块茎膨大，根状茎粗壮；茎直立，粗壮，高 0.7~1.2 米，挺水。叶片长 40~90 厘米，宽 0.7~16 厘米，有中脉，上部扁平，下部背面呈龙骨状凸起，或呈三棱形。圆锥花序，有 3~7 个侧枝。果实呈倒圆锥形，上部通常膨大呈冠状，有棱，褐色。

生长环境：喜湿润气候，耐热也耐寒，对气候适应性强；喜肥沃土壤，也耐贫瘠；喜阳光充足的生长环境。

繁殖方式：有性繁殖和无性繁殖均可。有性繁殖时，在种子采收后的翌年 3~4 月进行催芽播种。无性繁殖时，在早春时节将根状茎挖出后，切割成 5 厘米长的茎段，埋入苗床即可；也可用分株法进行繁殖。

药用价值：可入药，有破瘀、行气、消积、止痛、通经、下乳等功效，可用于症瘕痞块、痛经、瘀血经闭、胸痹心痛、食积胀痛等症的治疗。

曲轴黑三棱

曲轴黑三棱的聚合果

生长周期：3 月下旬开始萌芽，4 月初开始开花，5~10 月为花果期。

别名：茭白、茭儿菜　　科属：禾本科，菰属　　多年生挺水草本

菰

变态发育的肉质茎可供食用

茎分为地上茎和地下茎，地上茎较粗壮，可形成蘖枝丛，直立生长，基部节上生有不定根；主茎和分蘖枝进入生长期后，基部如有黑粉菌寄生，则不能正常开花、结果，但会形成椭圆形或近圆形的肉质茎，即“茭白”。地下茎为匍匐茎，中空，扁圆形，横生于土中，其先端的芽于翌年萌生，转向地上生长，形成分蘖，逐步形成新的株丛。叶片扁平宽大，圆锥花序，簇生。颖果呈圆柱形，长约 12 毫米。

生长环境：喜光，喜温暖的环境且耐寒，繁殖力强；喜肥沃的基质，也十分耐贫瘠；多生长于水中或沼泽中。

食用价值：唐代以前，菰是一种重要的粮食作物，它的种子叫“菰米”，是“六谷”（稌、黍、稷、粱、麦、菰）之一。但菰米具有成熟期不一致和籽实易脱落的缺点，宋代以后不再作为主要粮食作物栽培。后来人们发现，有些菰感染上黑粉菌，茎部不断膨大，变得粗大肥嫩，就像竹笋，因此称这种病体茎为“菰笋”，人们利用黑粉菌人为地繁殖这种病体植株作为蔬菜，也就是现在的“茭白”。

叶细长，分枝多

片植的菰

生长周期：2 月底至 3 月初开始萌芽，花果期为 7~10 月。

芦竹

茎节较多，常有分枝

圆锥花序，分枝稠密

有发达的根状茎；秆粗大直立，茎有多节，常生分枝。叶鞘生于节间，无毛或颈部具长柔毛；叶片扁平，上面与边缘略显粗糙，基部为白色，抱茎。圆锥花序，分枝稠密，斜升；背面中部以下有密集的长柔毛，两侧上部有短柔毛。颖果细小，黑色。多生于河岸道旁的沙壤土中。

生长环境：喜温暖，喜水湿，有较强的耐旱性、耐贫瘠性，但不耐寒；多生长于南亚热带至北亚热带地区，水体深度不超过 50 厘米。

秆粗大直立，茎部多分枝，斜升上举，小穗绿色或带紫红色

分布区域：我国广东、海南、广西、贵州、云南、四川、湖南、江西、福建、台湾、浙江、江苏等地多有分布。热带地区亦有分布。

繁殖方式：有性繁殖和无性繁殖均可。有性繁殖在 3 月进行。无性繁殖有分株、扦插两种方式。分株繁殖于早春进行，将根茎切成 4~5 个芽一丛，然后移植；扦插繁殖可在春天进行，将茎秆剪成 20~30 厘米一节，每个插穗都要有节间，插入湿润的泥土中，30 天左右间节处会萌发白色嫩根，然后定植。

养护管理：苗期要做好中耕、除草工作；一般于 5 月上旬、7 月上旬分别施肥一次，追肥后浇水；萌芽期注意防治病虫害。

生长周期：3 月初开始萌芽，花果期为 9~11 月，12 月进入休眠期。

观赏价值：芦竹叶似芦苇，秆似竹，植株秀丽挺拔，可于庭院中、桥头、建筑物旁小面积种植，亦可丛植或片植于堤岸水际线，既有映衬造景的作用，又可以改善生态环境。

生态价值：对重金属有很好的吸附作用，十分适合丛植，用以改善人工湿地或浮岛的生态环境。

园艺种类：花叶芦竹。芦竹的变种，其植株体量比芦竹小，生长迅速，叶片有金黄色或银白色条纹，喜水耐旱，略耐寒，我国各地均可种植。

丛植的花叶芦竹

花叶芦竹叶片呈两行排列，叶具白色条纹

芦竹是纸浆和人造丝的原料，还能用作青饲料，其秆可制管乐器的簧片

芦竹叶舌膜质，截平，先端具短纤毛；叶片扁平，披针状线形

木贼

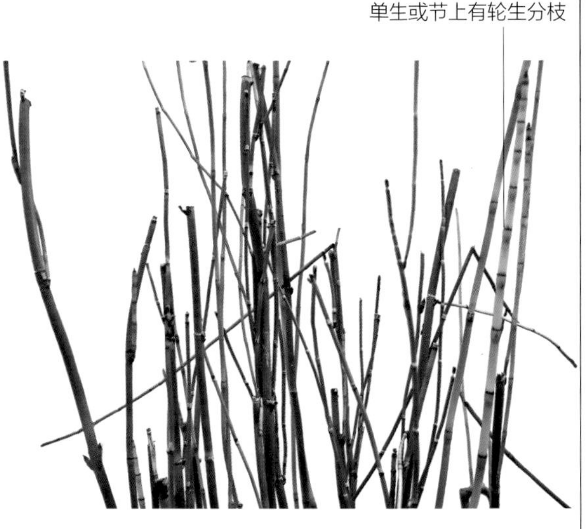

根状茎短粗，黑褐色，横生地下，节上生黑褐色的根；地上茎直立，圆柱形，绿色，有节，表皮常有硅质小瘤，单生或节上有轮生分枝；节间有纵行脊和沟；叶鳞片状，轮生，在每个节上合生成筒状叶鞘（鞘筒）包围节间基部；孢子囊穗顶生，顶端有小尖突，无柄。

生长环境：喜光，稍耐阴，在全日照和稍有遮阴处长势均好；喜水湿环境，也耐干旱。

分布区域：分布于我国东北、华北、西北、西南、华中等地。日本、朝鲜，以及欧洲、北美洲等地也有分布。

药用价值：全草可入药，能散风、收敛止血，有抗病毒作用。常用于扁平疣、寻常疣、传染性软疣等疾病的治疗。

观赏价值：形态别致，可作为盆栽观赏，也可用来分隔空间或片植、丛植于水际线，搭配黄菖蒲、路易斯安那鸢尾等植物，更有层次，造景美感更加突出。

孢子囊穗顶生

斑纹木贼

生长周期：3 月初开始萌芽，11 月霜冻后开始枯萎，进入休眠期。

园艺种类：斑纹木贼。斑纹木贼与木贼同为木贼属，形态较为接近，但是斑纹木贼主枝较为细小，根茎直立或横走，呈黑棕色，节和根有黄棕色长毛。

陆地种植木贼，可作为园林造景的一部分

茎部轮生分枝

在每个节上合生成筒状叶鞘（鞘筒）包围节间基部

木贼以地上部分入药，主目疾，可退翳膜，消积块，益肝胆，疗肠风，还能止痢

水蕨

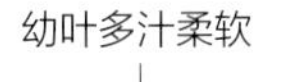

根状茎短而直立，顶端疏生有宽鳞片；植株幼嫩时呈绿色，多汁柔软。叶二型，簇生，叶片直立或幼时漂浮；叶片边缘薄而透明，反卷至中脉，如假囊群盖；叶柄基部无关节，腹面扁平，背面圆形有纵脊；叶干后为软草质，绿色，两面均无毛。孢子囊大，圆球形，幼时为反卷的叶边覆盖，成熟后略张开。

生长环境：常生长于池沼、水田或水沟的淤泥中，有时漂浮于深水面上，适应性强，可因生长环境不同而改变；喜热耐寒，喜水耐旱，也耐阴。

分布区域：我国江苏、安徽、福建、台湾、广东、广西、湖北、四川、云南、山东等地均有分布。热带及亚热带地区多见。

簇生叶，二型

水蕨常用于鱼缸装饰，沉水种植

生长周期：5 月初孢子萌发，8~10 月孢子成熟，10~11 月枝叶枯萎。

繁殖方式：有性繁殖和无性繁殖均可。有性繁殖选择生长健壮、成熟的孢子叶做繁殖材料。无性繁殖利用营养叶裂片缺裂处能自然长出繁殖芽的特点，用剪刀剪下繁殖芽种植于苗床即可。

种植要领：要求水质不能过于缺乏营养，水体深度在 30 厘米以内，底泥以软质为宜；种植宜选 6~8 月生长期进行；种植密度每平方米约 25 株即可；可用圈养法进行大片种植。

食用价值：水蕨含有胡萝卜素、蛋白质、钙、粗纤维、铁等人体所需的营养元素，是一种营养价值较高的食用型水生植物，口感嫩滑，味道独特，炒食、凉拌、做汤均可。

药用价值：整株入药，有明目、镇咳、化痰的功效。还可以将水蕨捣碎后外敷伤口，对治疗跌打损伤、外伤出血等有一定的帮助。

水蕨孢子叶反卷，根常着生于底泥中

浮水水蕨

水蕨可室内养殖，与睡莲等植物配合

慈姑

根状茎横走，较粗壮，末端膨大或不膨大。挺水叶为箭形，叶片长短、宽窄变异很大，通常顶裂片短于侧裂片，有时侧裂片更长，顶裂片与侧裂片之间或有缢缩；叶柄基部渐宽，鞘状，边缘膜质，有横脉，或不明显。花葶直立，挺出水面，高 20~70 厘米，较为粗壮；花序总状或圆锥状，长 5~20 厘米，有分枝，有花多轮，每轮 2~3 花，花单性，花药黄色，花丝长短不一。瘦果两侧压扁，长约 4 毫米，宽约 3 毫米，呈倒卵形；种子褐色。

生长环境：有很强的适应性，在陆地上各种水面的浅水区均能生长。喜光照充足、气候温和、背风的生长环境，喜土壤肥沃，在土层不太深的黏土中亦能生长。

分布区域：在我国主要分布在长江以南各地；日本、朝鲜亦有栽培。

繁殖方式：有性繁殖和无性繁殖均可。慈姑的种子细小，播种的难度较高，一般多采用无性繁殖，取上年形成的种球，自然抛撒于水中，约一周就可发芽。

叶挺出水面

花白色，花药黄色

生长周期：2 月底至 3 月初开始萌芽，5~10 月进入花果期。

园艺种类：（1）大慈姑。植株高 40~70 厘米，侧裂片等长于顶裂片，叶柄圆柱形，中空。花瓣白色，具红色斑点。花期长，适宜丛植或片植，也可盆栽观赏，常用于湿地景观的营造。

（2）野慈姑。根状茎横走，较粗壮，末端膨大。挺水叶呈箭形，叶片长短、宽窄变异很大。在我国大部分地区均有栽培。

（3）利川慈姑。圆锥花序，长 15~20 厘米，有花 4 轮甚至更多轮，每轮有 2~3 朵花。多生于沼泽、山间盆地、沟谷浅水湿地及水田中；叶腋间的珠芽可进行无性繁殖。在我国主要分布在浙江、湖北、江西、福建、广东等地。

（4）矮慈姑。别称凤梨草、瓜皮草、线叶慈姑，为一年生草本，多生于浅水池塘、沼泽及稻田中。植株矮小，叶色宜人，无论是地栽还是盆栽，均能够给环境增添野趣，带来绿意。矮慈姑主要分布于朝鲜、日本、越南、中国等地。入药有清热、解毒、利尿等功效。

营养价值：慈姑含 B 族维生素较多，能维持身体的正常功能，增强肠胃的蠕动，增进食欲，促进消化，对预防和治疗便秘有一定的功效。此外，慈姑还富含淀粉、蛋白质和钾、锌等微量元素，对人体机能有调节作用。慈姑不能生吃，需要煮熟后食用。

球茎耐储存，营养丰富，口感好

利川慈姑多生于沼泽、山间盆地、沟谷浅水湿地及水田中

慈姑的花序

野慈姑的花序

大慈姑

大慈姑的花序

利川慈姑特有的珠芽

野慈姑挺水叶箭形

慈姑的挺水叶

野外生长的利川慈姑

野外生长的野慈姑

郁郁葱葱的慈姑

别名：象耳草、皇冠草　**科属：**泽泻科，象耳慈姑属　多年生挺水草本

象耳慈姑

常俗称象耳草，植株高大，整体呈深绿色至绿色。叶基生，莲座状排列，长心形或长椭圆形，叶柄长 5~15 厘米。花茎挺出水面，长约 100 厘米，开白色小花，数朵至数十朵。结球形瘦果，每果含有种子数粒。

长心形或长椭圆形

叶柄长 5~15 厘米

生长环境：喜温热气候，稍耐寒，在水位较高处和潮湿的土壤中长势良好，生长适应性强，在水深 80 厘米的水体中亦能存活，可同时作为沉水、浮叶植物栽培。

分布区域：分布在南美洲与西印度地区。我国华东及其以南地区也有栽培。

养护管理：萌芽期及生长期应注意防治虫害及食草动物的伤害；生长适应性强，片植时还应注意控制植株的生长范围，防止植株蔓延。

小花数朵至数十朵，白色

成片种植，在夏季能给人清幽之感

生长周期：5 月下旬开始开花，7~8 月进入盛花期，8~10 月为果期。

观赏价值：象耳慈姑的植株整齐，叶片宽大，叶片随着生长期的不同，可从酒红色变成绿色，形态多样。

园艺种类：（1）长象耳草。株高可达 50 厘米。叶片深绿色，叶柄较为粗壮，叶幅宽大，叶片挺拔。花白色，花期较长。

（2）少花象耳草。株高 60 厘米左右。叶基生，莲座状排列，有长柄。总状花序，小花白色，挺水开放。该种已成为外来入侵种。

花白色，挺水开放

可水生，也可以栽种在泥土里，适应性非常强

可沉水养殖在鱼缸中

长象耳草叶片为深绿色，呈心形，叶柄较为粗壮

马蹄莲

有块茎，容易分蘖形成丛生植物。叶基生，叶下部有鞘；叶片较厚，绿色，呈心状箭形或箭形，先端锐尖、渐尖或有尾状尖头，基部呈心形或戟形，全缘。花序柄长 40~50 厘米；佛焰苞黄色；檐部略后仰，锐尖或渐尖，有锥状尖头，亮白色，有时略带绿色；肉穗花序圆柱形，黄色。浆果呈短卵圆形，淡黄色；种子为倒卵状球形。

亮白色花

叶质较厚，心状箭形或箭形

生长环境： 喜疏松肥沃、腐殖质丰富的黏壤土，喜温暖、湿润和阳光充足的环境，不耐寒，喜水，不耐旱。

分布区域： 原产于非洲东北部及南部；现在我国北京、江苏、福建、台湾、四川、云南及秦岭地区均有栽培。

肉穗花序圆柱形，黄色

繁殖方式： 以无性繁殖为主。植株进入休眠期后，剥下块茎四周的小球，另行栽植。也可播种繁殖，种子成熟后可立即播种，发芽适温为20℃左右。

养护管理： 越冬时，应抽干水体，对其根部进行培土，保证越冬期根茎不受寒流侵袭。

生长周期：3~4 月开始萌芽，5~9 月迎来盛花期，6~10 月种子逐渐成熟。

在保证土壤湿度的前提下，马蹄莲也可以实现陆地种植

黄花马蹄莲，叶面有半透明白色斑点，花色深黄

红花马蹄莲，花色粉红至深红或紫色

丛植马蹄莲时泥土宜疏松肥沃，多加些草木灰等钾肥，能使叶片油绿，叶柄挺劲，不易倒伏

银星马蹄莲，叶面有银色斑点，花白色或淡黄色

绿梗马蹄莲块茎较大，长势强，花较小，每株能开 3~4 朵

路易斯安那鸢尾

叶形似箭，高挺秀丽

地下根茎呈扁圆形棍棒状，根茎长约 30 厘米，粗 2 厘米左右；有 12 ~ 20 个节，每节都能长出须根；根茎的顶芽一般第二年开花，侧芽则成为营养株，而中下部芽多为休眠芽。花单生，为蝎尾状聚伞花序，有花 4 ~ 6 朵；旗瓣（内瓣）3 枚，垂瓣（外瓣）3 枚，雌蕊瓣化。蒴果呈卵状圆柱形、长网形或六棱形，每果有种子 30 粒左右。现有品种约 4 000 个。

生长环境：耐湿也耐干旱，湿地生长要优于旱地，在水深 30 ~ 40 厘米的水域发育健壮。南方地区冬季停止生长，但叶仍保持翠绿。

分布区域：原产于美国密西西比河三角洲地带，现在我国华东、中南地区均有栽种。

繁殖方式：有性繁殖和无性繁殖均可。路易斯安娜鸢尾种子没有自然休眠期，可以随采随播。秋季会发生许多萌蘖，分株繁殖可以在 10 月或 2~3 月进行。将根茎切断，每段保留 3~6 节，插于苗床即可。

观赏价值：路易斯安那鸢尾的花色丰富，有紫色、红色、蓝色、白色、黄色及混色，绚丽多彩，花大似蝶，叶形似箭，高挺秀丽。适宜片植于湖泊、河道等中大型水系和居住区、公园等小水系的岸边。路易斯安那鸢尾有一定的耐旱性，可在水位线上下种植，营造别样的湿地美景。

蝎尾状聚伞花序，单花寿命 2~3 天

蒴果呈卵状圆柱形、长网形或六棱形

生长周期：3 月中旬前后进入旺盛生长期，5 月中旬盛花期。

丛植开花后非常美丽

蓝色的路易斯安那鸢尾

白色的路易斯安那鸢尾

紫色的路易斯安那鸢尾

混色的路易斯安那鸢尾

混色的路易斯安那鸢尾

梭鱼草

植株高达 150 厘米左右，地茎叶丛生，圆筒形叶柄呈绿色，叶片较大，深绿色，表面光滑，叶形多变，多为倒卵状披针形，长 10~20 厘米。花葶直立，常高出叶面，穗状花序顶生，每条穗上密密地簇拥着几十至上百朵蓝紫色的圆形小花，上方两花瓣各有两个黄绿色斑点，质地呈半透明状。

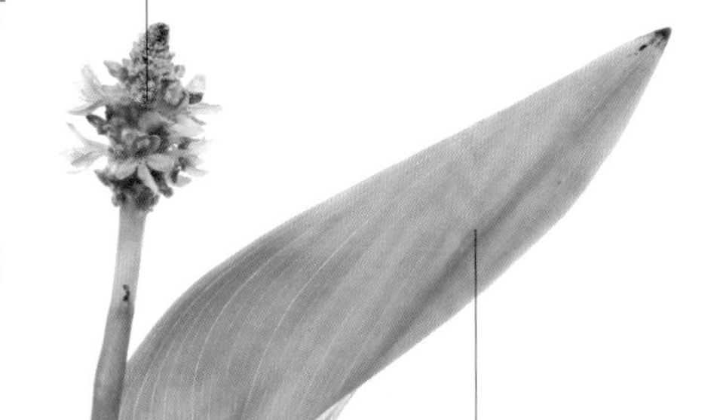

生长环境：喜温暖，喜阳光充足，喜肥沃，喜湿，不耐寒，在静水及水流缓慢的水域中均可生长，适宜在 55 厘米以下的浅水中生长，适生温度为 15~30℃，越冬时根茎处温度不宜低于 5℃。

花穗上密集生有几十至上百朵蓝紫色的小花

分布区域：我国除东北地区外，其他地区均有栽植。适宜用于人工湿地和人工浮岛。

养护管理：秋后枯萎的枝叶应及时清理，以减少休眠期的养分消耗，让第二年的萌发更顺利。

生态价值：对污水中的重金属有很强的富集能力，是净化重金属污水的优良水生植物。

观赏价值：梭鱼草叶色翠绿，花色迷人，花期较长，可用于家庭盆栽、池栽，也可广泛用于园林美化，栽植于河道两侧、池塘四周、人工湿地。

生长周期：2 月底至 3 月初开始萌芽，5 月中旬进入盛花期，花期可一直延续至 10 月底。

叶柄呈圆筒形，叶片较大

水际线区域的小面积片植，是良好的园林景观

同属的剑叶梭鱼草植株更为粗壮、高大

穗状花序顶生

白花梭鱼草花为白色，叶为宽卵形

三白草

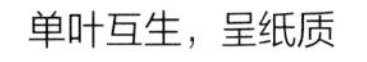

高约1米，茎粗壮，有纵长粗棱和沟槽，下部伏地，上部直立。单叶互生，纸质，生有密集的腺点，呈阔卵形至卵状披针形，两面均无毛。

生长环境：喜光耐阴，喜热且有很好的耐寒性，多生于低湿沟边、塘边或溪旁，也可生长在湖泊浅水区或常年积水、腐殖质较多的沼泽地带。

分布区域：在我国主要分布于河北、山东、河南，以及长江流域及其以南各地；日本、菲律宾、越南等国也有分布。

中药三白草（干燥根茎）

繁殖方式：有性繁殖和无性繁殖均可。有性繁殖于3~4月进行，播种1个月后便可发芽。无性繁殖可用地下茎或地上茎部作为插条进行繁殖，其中用地下茎扦插应在4月初进行，选用潮湿地作为苗床；地上茎扦插可在6~8月进行，选长势较好的地上茎做插穗，待生根发芽后再进行培苗移植。

药用价值：全草可入药，内服有清热解毒、利尿消肿等功效，可辅助治疗尿路感染、尿道结石、肾炎水肿、白带过多、支气管炎等症；外敷可治湿疹。

顶端叶片在花期为白色

生长周期：花期为4~6月，果期8~9月，10~12月开始逐渐枯萎。

黄花蔺

叶丛生，挺出水面；叶片卵形至近圆形，呈亮绿色，先端呈圆形或微凹，基部呈钝圆或浅心形，背面近顶部有 1 个排水器；叶柄粗壮，呈三棱形。花葶基部稍扁，上部为三棱形；伞形花序，有花 2~15 朵。

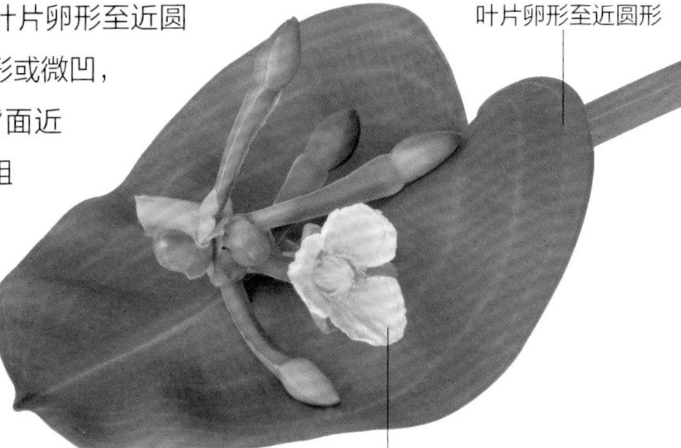

叶柄粗壮，三棱形；叶片卵形至近圆形

伞形花序，花为黄绿色

生长环境：喜热不耐寒，在 20~32℃的温度内长势良好；喜偏酸的基质，土壤 pH 值在 4.5~7.0 都能正常生长；多于沼泽地或浅水中成片生长。

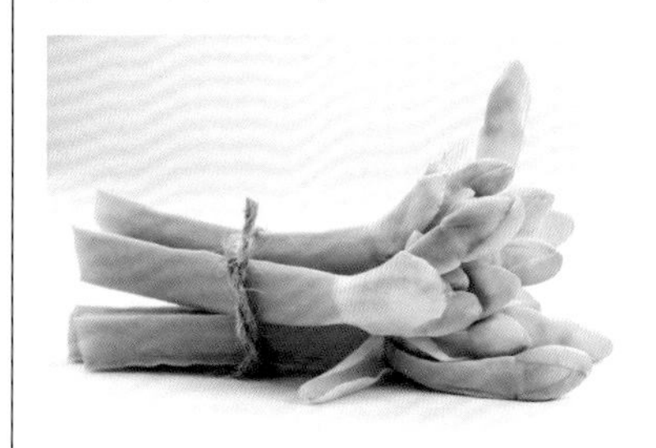

黄花蔺的嫩叶、花朵可食用

分布区域：在我国云南西双版纳和广东沿海岛屿均有栽培；缅甸、泰国、斯里兰卡、马来西亚、印度尼西亚，以及美洲热带地区分布较为普遍。

观赏价值：黄花蔺植株株形奇特，花朵繁茂，花期长，整个夏季开花不断，是盛夏水景绿化的优良材料。

叶丛生，挺水

黄花蔺盆栽

生长周期：5 月开始萌芽，7 月下旬至 9 月进入盛花期，9~10 月果实成熟。

别名：水生美人蕉、佛罗里达美人蕉　科属：美人蕉科，美人蕉属　多年生挺水草本

粉美人蕉

株高 1 ~ 2 米；叶片长披针形；总状花序顶生，多花；雄蕊瓣化；花径约 10 厘米；花呈黄色、红色或粉红色；温带地区花期为 4~10 月，热带和亚热带地区全年开花；地上部分在温带地区的冬季枯死，根状茎进入休眠期；热带和亚热带地区终年常绿。粉美人蕉与美人蕉属下其他种在形态和生物学特性上的最大区别是粉美人蕉的根状茎细小，节间延长，耐水淹，在 50 厘米深的水中能正常生长。

总状花序顶生，花数多

叶表面着灰白色粉，平行叶脉

生长环境： 喜光，怕强风，适宜于潮湿及浅水处生长，肥沃的壤土或沙土都可保证其良好的长势。

分布区域： 原产于南美洲，现在世界很多地区均有引进种植。

繁殖方式： 有性繁殖和无性繁殖均可。有性繁殖可在 3~4 月于室内进行播种，播种前需用钢锉锉破种皮，用温水浸泡 1 天，然后控干水再进行播种。无性繁殖可用分割块茎方式进行栽植，于 3~4 月挖出块茎，分割后保证每个块茎有 2~3 个健壮的芽，作为插穗进行扦插即可。

养护管理： 需要注意保持水体清洁，及时打捞浮萍，清除杂草；南方地区还需注意螺类的侵害。

花朵颜色鲜艳，是野外一道靓丽的风景

生态价值： 能吸收汽车尾气中的数种有害气体，是净化空气的良好作物；此外，它对硫、氯、氟、汞等有害物质有一定的耐受性和吸收能力。

观赏价值： 粉美人蕉叶茂花繁，花色艳丽丰富，花期长，适合大片种植于水岸湿地，也可点缀在水池中。

生长周期：3 月上旬开始萌芽，5~11 月进入盛花期及果期。

蒴果密生棘突

种植于陆地的粉美人蕉

成片种植的粉美人蕉

浅粉色的粉美人蕉

玫红色的粉美人蕉

亮黄色的粉美人蕉

再力花

根状茎发达，须根密布。株高1~2.5米，全株有白粉。叶4~6枚基生；叶片硬纸质，呈卵状披针形至长椭圆形；先端锐尖，基部圆钝；边缘紫色，全缘。叶柄长40~80厘米，下部鞘状，基部略膨大。复穗状花序生于总花梗顶端。蒴果近球形或倒卵状球形，浅绿色，熟时顶端开裂。

生长环境：喜温暖，喜水湿、阳光充足的环境，不耐寒冷，不耐干旱，耐半阴，在微碱性土壤中生长良好。多生长于河流、水田、池塘、湖泊、沼泽及滨海滩涂等水湿低地；适生于缓流和静水水域，从水深60厘米浅水水域到岸边皆可生存。

分布区域：原产于美国南部和墨西哥，现在我国大部分地区均有栽培。

繁殖方式：有性繁殖和无性繁殖均可。有性繁殖时，种子成熟后随采随播，通常以春播为主，播后保持湿润，发芽温度为16~21℃，约15天后发芽。无性繁殖时，将生长过密的株丛挖出，掰开根部，选择健壮株丛分别栽植；或者以根茎分株繁殖，初春从母株上割下带1~2个芽的根茎，栽入盆内，施足底肥，放进水池养护，待长出新芽，移植于池中生长。

观赏价值：再力花的花朵、叶子都有着极高的观赏价值，最具有特点的就是再力花的植株每年有三分之二的时间保持绿色，花期长，花朵和花茎的形态都十分优雅，大规模地片植于湖泊、水岸边，翠绿无比，飘逸美丽。因此，再力花素有“水上天堂鸟”的美誉。

生长周期：2月下旬出现萌芽，5月进入花果期，10月果期结束。

花朵和花茎的形态都十分优雅

花葶伸出水面，高挺直立，高可达 3 米

常大规模片植于湖泊、水岸边

在相对狭小的水面，一般采用丛植的方式

别名：辣蓼、虞蓼、蓼芽菜　科属：蓼科，蓼属　一年生挺水草本

水蓼

株高 40~70 厘米。茎直立，多分枝，有节，节部膨大。叶呈披针形或椭圆状披针形。总状花序呈穗状，顶生或腋生，花稀疏；苞片漏斗状，绿色；花梗比苞片长；花被绿色，上部白色或淡红色，有黄褐色透明腺点。瘦果卵形。

总状花序呈穗状，花稀疏

茎直立，多分枝

生长环境：喜湿润，也能适应干燥的环境，对土壤肥力要求不高，喜阳光充足；多生长在海拔 3 500 米以下的河滩、水沟边、山谷湿地或水中。

分布区域：分布于中国各地。朝鲜、日本、印度尼西亚、印度等国多见，欧洲及北美洲等地也有分布。

繁殖方式：有性繁殖。播种时间为 4 月下旬到 5 月上旬，水蓼种子小、顶土能力弱，播种前将种子放在 15~20℃的水中浸泡 3~5 天，苗床浇透水，盖土要薄，采用直播更有利于出苗。待叶子长到 3~4 枚时，可移植到营养钵培育容器苗。成活 1 个月后便可出圃。

水蓼是一种中药，为蓼科植物水蓼的地上部分

既适合片植、丛植，也适合孤植

生长周期：南方地区 2~3 月开始萌芽，5~10 月进入花果期；北方地区萌芽稍晚，花果期稍短。

纸莎草

钝三棱形的茎秆粗壮、直立

呈伞状簇生的总苞片

有粗壮的根状茎，高 2~3 米，茎秆簇生，粗壮，直立，呈钝三棱形。叶退化呈鞘状，茎秆顶端着生总苞片 3~10 枚，呈伞状簇生，总苞片叶状，披针形，顶生花序伞梗极多，细长下垂。瘦果灰褐色，呈椭圆形。

生长环境：喜温暖及阳光充足的环境，稍耐阴，要求土壤肥沃，也能耐贫瘠，在微碱性和中性土壤中长势良好。喜水，但也耐一定的干旱，也可在潮湿地区正常生长。

分布区域：原产于非洲埃及、乌干达、苏丹及西西里岛；现我国亚热带南部地区有栽培。

繁殖方式：有性繁殖和无性繁殖均可。只要气温允许，有性繁殖全年均可播种、育苗。但以无性繁殖为主，主要采用分株法，在生长季按丛起苗，按 2~3 芽分成一丛后种植于苗床中，株行距为 40 厘米 ×50 厘米，其间需加强水肥、温度和光照管理；扦插法于夏季进行，选开花前健壮枝上带茎的顶梢，取长 3~5 厘米的段作插穗扦插。

经济价值：纸莎草晒干的茎秆可用来生火或建房，其内秆可制作灯芯用于照明。纸莎草的表皮可用于编织篮子、草席、缠腰布、草鞋、鸟笼或漏勺等日用品。其根还可提取香料，能驱赶蚊蝇等。

喜水作物，可长于潮湿环境

叶呈披针形

适合作岸边景观植物

生长周期：3 月上旬萌芽，6~7 月进入花果期，秋末冬初逐渐进入休眠期。

别名：莲花、荷花、水芙蓉、芙蕖、菡萏　　科属：莲科，莲属　　多年生挺水草本

莲

叶为圆形盾状，表面深绿色，有蜡质白粉

花大型，有多种花形

根状茎横生，肥厚，节间膨大，内有多数纵行通气孔道，有须状不定根。叶为圆形盾状，全缘，稍有波状；叶柄粗壮，圆柱形，长1~2米，中空，外面散生小刺。花梗和叶柄等长或稍长，稀疏生有小刺；花单生于花梗顶端，高托水面之上；花有单瓣、复瓣、重瓣及重台等。

生长环境：喜相对稳定的平静浅水、湖沼、沼泽地、池塘；喜光，不抗风，喜温暖湿润的生长环境。

繁殖方式：有性繁殖和无性繁殖均可。有性繁殖时，将莲子经过破壳、浸种、催芽后再播种，可在3~6月进行。无性繁殖时，用地下茎（藕）繁殖，要求种藕有完整的顶芽和2~3个侧芽，在春季水温转暖后，藕发芽前挖出种藕，进行繁殖。

分布区域：中国、日本、印度等亚热带和温带地区广泛分布。

药用价值：全草可入药，不同的部位有不同的作用。莲花能活血止血、清心凉血、解热解毒；莲子能养心、益肾、补脾、涩肠；莲须能清心、益肾、涩精、止血、解暑除烦、生津止渴；莲叶能清暑利湿、升阳止血；藕节能止血、散瘀、解热毒；花梗能清热解暑、通气行水、泻火清心。

种子播种前应先做破壳处理

根状茎微甜而脆，十分爽口，可生食也可熟食

生长周期：南方地区在3月中旬出现萌芽，6月进入盛花期，8月终花；北方地区稍晚。

花葶直立，挺出水面

莲的浮叶

花大型，多色

有单瓣、复瓣、重瓣等多种花形

随着花瓣盛开，逐渐呈现的莲蓬

莲蓬内生数枚椭圆形或卵形的种子

■ 别名：水芹菜、野芹菜　　科属：伞形科，水芹属　　多年生挺水草本

水芹

叶片轮廓为三角形

三回羽状复叶

茎直立，茎有突起的棱

茎直立或基部匍匐。基生叶有柄，基部有叶鞘；叶片轮廓为三角形。复伞形花序顶生；无总苞；伞辐不等长，直立或展开；萼齿线状披针形，花瓣白色，倒卵形，有一长而内折的小舌片；花柱基圆锥形，直立或两侧分开。果实近于四角状椭圆形或筒状长圆形，侧棱较背棱和中棱隆起，木栓质。

生长环境：喜湿润、肥沃土壤，耐涝，畏热，夏季休眠。一般生于低湿地、浅水沼泽、河流岸边，或生于水田中。

分布区域：分布于我国各地；印度、缅甸、越南、马来西亚、印度尼西亚及菲律宾等地也有分布。

养护管理：秋季萌芽时，注意防治蚜虫；夏季枯萎后，及时对地上部分的残叶进行修剪。

药用价值：全草可入药，有清热解毒、润肺利湿等功效，对感冒发热、呕吐腹泻、尿路感染、崩漏、水肿、高血压等症有辅助疗效。

复伞形花序

小花密集多数，花瓣为白色

生长周期：南方地区花期为 5~6 月，果期为 7 月。

匍匐生长的水芹

茎挺出水面

嫩茎叶可作蔬菜食用

人工片植的水芹

生长周期：北方地区花期为 6~7 月，果期为 8~9 月。

别名：玫瑰木槿、沼生木槿、红秋葵　　科属：锦葵科，木槿属　　多年生挺水草本

玫瑰红木槿

植株高大，高 2.5~3 米。花大，花色艳丽，群花花期长，单叶互生，叶形变化大，同一个体的叶全缘或 3~7 裂、浅裂至全裂。不同的季节或不同的叶龄，叶片会呈现墨绿色、深绿色、浅绿色、褐色、红棕色、亮红色等不同颜色。

单叶互生，掌状深裂或浅裂

生长环境：喜水，也耐旱，在旱地也能正常生长；喜热耐寒，在南方、北方均能保持良好长势；喜肥沃土壤，也耐贫瘠，同时具有一定的抗盐碱能力，是一种适应性极强的植物；多生于沼泽地、沟渠及溪流岸边等潮湿地区。

分布区域：原产于美国东南部地区，在我国上海、南京、杭州等地也有栽培。

繁殖方式：有性繁殖和无性繁殖均可。播种繁殖通常在春季进行；扦插繁殖在春、夏两季均可进行，但是春插的成活率更高一些。

玫瑰红木槿的花蕾

孤植、对植、丛植或片植均可

生长周期：3 月中下旬开始萌芽，6 月底可见初花，7~9 月进入盛花期。

花大，群花花期长

植株高大，花色迷人

全株挺拔秀丽

单花生于叶腋，花为玫瑰红色

■ 别名：灯心草、水灯心、水灯草　　科属：灯芯草科，灯芯草属　　多年生挺水草本

灯芯草

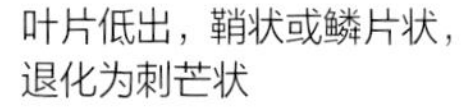

株高 90 厘米左右，根状茎粗壮，横走，有黄褐色须根。茎丛生，直立，圆柱形，淡绿色。叶为低出叶，叶片呈鞘状或鳞片状，退化为刺芒状。聚伞花序假侧生，多花，排列紧密或疏散；总苞片呈圆柱形，生于顶端；小苞片宽卵形，膜质，顶端尖；花淡绿色；花被片线状披针形，黄绿色，边缘膜质，外轮或稍长于内轮；花药长圆形，黄色，花柱极短。蒴果呈长圆形或卵形；种子呈卵状长圆形，黄褐色。

生长环境：喜湿润环境，也耐旱，在地下水位较高处、潮湿土壤中长势良好；喜光也耐阴。

分布区域：全世界气候温暖地区均有分布。

繁殖方式：无性繁殖。多以分株法进行繁殖，保留长约 30 厘米的茎秆，用刀分割成 10~20 芽的小丛后再进行繁殖，繁殖季节以春、秋两季为宜。

药用价值：可入药，有利尿、清凉、镇静等功效，可治水肿、小便不利、尿少涩痛、湿热黄疸、心烦不寐、小儿夜啼、喉痹、口舌生疮、创伤等症。

观赏价值：灯芯草生长旺盛，植株挺秀，可片植于地下水位较高的区域，是固岸防堤的理想植物；也可丛植于水系中或石旁，作为点缀，极具美感。

常作为室内外装饰材料的灯芯草

圆柱形总苞片，生于顶端

生长周期：南方地区 3 月初开始萌芽，5~9 月进入花果期，冬季可常绿或半常绿。

种植要领：水体种植时，水深不宜超过 30 厘米，也可种植于潮湿处和地下水位较高的区域；种植密度以每平方米 12~20 丛为佳；灯芯草的移植在 2~11 月均可进行，其中春季成活率较高。

养护管理：种植 1~2 年后，应对植株进行疏除，避免密度过高而产生植株倒伏甚至枯死。

标枪灯芯草

灯芯草多于置石旁丛植，在水系中起点缀作用

野生灯芯草

水深梯度配置，常种植于其他植物之间

生长周期：北方地区 4 月初萌芽，5~9 月为花果期，霜冻后地上部分枯萎，进入休眠期。

别名：翠芦莉、兰花草　科属：爵床科，芦莉草属　多年生挺水草本

蓝花草

地下根茎蔓延生长；茎略呈方形，有沟槽，红褐色。单叶对生，线状披针形；叶暗绿色，新叶及叶柄常呈紫红色；叶全缘或疏锯齿。花腋生，花径 3~5 厘米；花冠漏斗状，5 裂，有放射状条纹，细波浪状，多蓝紫色，少数粉色或白色。蒴果长形，先为绿色，成熟后转为褐色。果实开裂后种子散出，种子细小如粉末状。

漏斗状花冠，5 裂

线状披针形的叶子，呈暗绿色

生长环境：适应性强，对环境要求不高；耐旱和耐湿力较强；喜高温，耐酷暑，不择土壤，耐贫瘠力强，耐轻度盐碱土壤。

分布区域：原产于墨西哥，在中国、日本亦有栽培。

繁殖方式：可用播种、扦插或分株等方法繁殖，春、夏、秋三季均可进行。

观赏价值：蓝花草的花期长，是优良的水陆两栖植物。陆生适合在庭园中片植或盆栽，也可用于花境布置。用蓝花草与其他花卉形成自然式的斑块混交，表现花卉的自然美及不同种类植物组合形成的群落美，尤其在水岸线区域片植或在小型水景边缘丛植，均能营造出不同意境的美感。

适合在庭园中片植

生长周期：3 月初可见新芽萌发，花期为 5~10 月。

别名：马蹄、地栗　　科属：莎草科，荸荠属　　多年生挺水草本

荸荠

芽顶生

繁殖体，可食用的球茎

有细长的匍匐根状茎，顶端生球茎，俗称马蹄。秆丛生，直立，圆柱状，有横膈膜，干后秆表面现有节，灰绿色，光滑无毛。无叶片，只在秆的基部有 2~3 个叶鞘；鞘近膜质，绿黄色，紫红色或褐色。小穗顶生，呈圆柱状。

生长环境：性喜温暖湿润的生长环境，不耐霜冻，喜肥，要求土质肥沃，酸碱度以中性为宜；喜生长于池沼中或栽培在水田里，适宜生长在耕层松软、底土坚实的壤土中。

分布区域：我国南方各地均有栽培，朝鲜、越南、印度亦有分布。

食用价值：荸荠可以促进人体代谢，还有一定的抑菌功效。荸荠皮色紫黑，肉质洁白，味甜多汁，清脆可口，可作水果生吃，又可作蔬菜食用。

药用价值：荸荠性寒，有清热解毒、凉血生津、利尿通便、化湿祛痰、消食除胀等功效，可用于治疗黄疸、痢疾、小儿麻痹、便秘等症。此外，荸荠中含有一种抗菌成分，对调节血压有一定效果。

白色的穗状花序

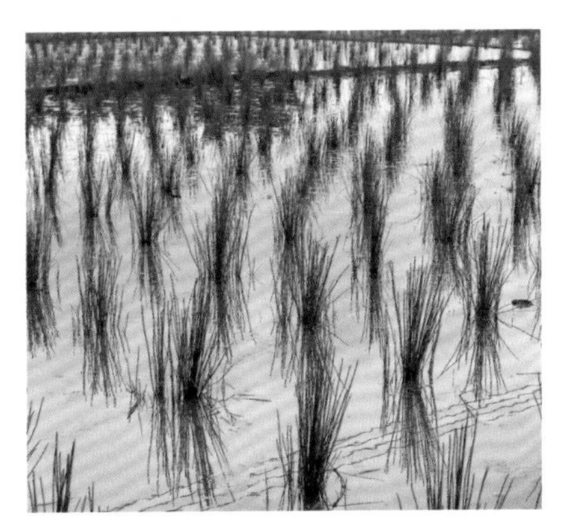

荸荠苗田，可见其叶状茎细长如管而直立

生长周期：3 月下旬开始萌发，6~8 月为花果期。

睡菜

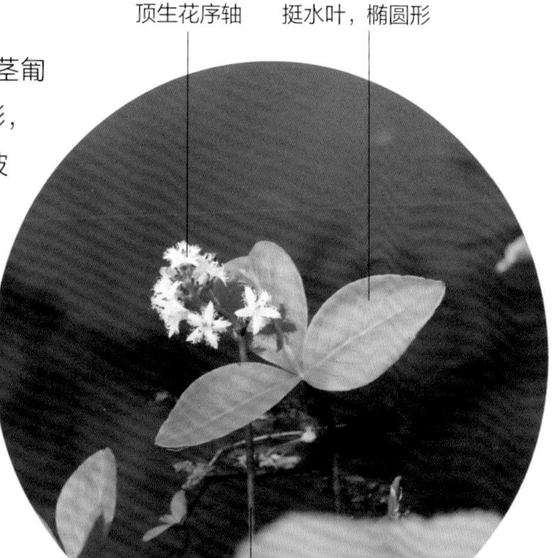

整株挺水，光滑无毛。根状茎匍匐状。叶基生，三出复叶，椭圆形，总柄长 23~30 厘米，全缘状微波形。总状花序顶生，基部生一披针形苞叶；小花有柄，直径 1~2 厘米；花冠 5 深裂，白色，有纤毛；雄蕊 5 枚，红色。蒴果呈球形。

繁殖方式：以分株繁殖为主，在 3~4 月进行；将根茎从泥中挖出，切成数块，每段有 3~5 节，扦插于苗床即可。

生长环境：喜阳，喜温暖湿润的生长环境，较耐寒，其根茎能顺利越冬，在沼泽中呈群落优势种，多生于海拔 450~3 600 米的沼泽地、水池边或丛生于塔头甸子上。

分布区域：广泛分布在北半球温带地区；我国黑龙江、吉林、辽宁、河北、贵州、四川和云南等地均有栽植；朝鲜、日本、俄罗斯，以及北美洲也有分布。

药用价值：入药有平肝息风、清热解暑等功效，可治疗胃炎、消化不良、心悸失眠、心神不宁等症。

苞叶披针形，生于基部

白色小花，花冠 5 深裂，有纤毛

生长周期：3 月底至 4 月初开始萌芽，花期为 5~7 月，果期为 6~8 月。

叶片全缘状呈微波形，叶柄较长

带状种植于水中

公园中，常可见丛植于水际线区域

水深梯度配置上可作挺水植物

南美天胡荽

多年生挺水或浮叶观赏植物，俗称香菇草。植株呈蔓生性生长，株高 5~15 厘米，节上生根。茎顶端呈褐色。叶互生，有长柄，圆盾形，直径 2~4 厘米，缘波状，草绿色，叶脉 15~20 条，呈放射状。花两性；伞形花序；小花白色。果为分果。

生长环境：适应性强，喜光照充足的环境，不耐阴，荫蔽环境下植株生长不良；性喜温暖，怕寒冷；耐湿，稍耐旱。

分布区域：原产于美洲；我国华南、华东地区可陆地栽培，北方地区多为盆栽。

繁殖方式：多利用匍匐茎扦插繁殖，每年 3~5 月进行繁殖的成活率最高。

生态价值：香菇草对铜的富集力较强，可作为铜污染地区的复垦与生态修复之用。

呈蔓生性生长

适合与其他水生植株混搭布景

生长周期：2~3 月开始萌芽，6~8 月为花果期，盆栽可全年常绿。

观赏价值：生长迅速，成形较快。常作水体岸边丛植、片植，是庭院水景造景，尤其是景观细节设计的好材料；还可用于室内水体绿化或水族箱前景装饰。

种植要领：以潮湿的环境为佳，适合生长于水盆、水族箱、水池或湿地中。全日照生长良好，半日照时其叶柄会拉得更长，往光线方向生长，姿态稍调整会更美观。

养护管理：香菇草的生长极为旺盛，应适时进行疏除，保证植株有良好的通风及光照，避免叶片枯黄；生长旺盛期可向叶子适当喷洒些复合肥，若是水培，养护时要及时换水。

伞形花序，小花为白色

片植可装饰水岸线

有一定的耐旱性，在陆地也能生长

茎纤细直立，茎、叶均挺出水面

芦苇

叶披针状线形，无毛

多年水生或湿生的高大草本，其根状茎十分发达。秆直立，有多节，节下被有蜡粉，基部和上部的节间较短。叶舌边缘密生一圈长约 1 毫米的短纤毛；叶片呈披针状线形，长 30 厘米，宽 2 厘米，无毛，顶端长渐尖呈丝状。大型圆锥花序，分枝多，有稠密下垂的小穗。颖果长约 1.5 毫米。

生长环境：多生于江河湖泽、池塘沟渠沿岸和低湿地及各种有水源的空旷地带，常以其迅速扩展的繁殖能力，形成连片的芦苇群落。

秆直立，多节

分布区域：我国各地均有分布，广泛分布于世界温带地区。

繁殖方式：有性繁殖和无性繁殖均可。多以无性繁殖为主，选用地下茎作为母本，切成段后插入苗床，不宜选用地上部分作为插穗。

生态价值：大面积的芦苇可调节气候，涵养水源，其所形成的良好湿地生态环境，还能为鸟类提供栖息、觅食、繁殖的家园。芦苇为水面绿化、河道绿化、净化水质、护土固堤、改良土壤的先锋环保植物。

药用价值：根部可入药，有利尿、解毒、清热、镇咳等功效。

观赏价值：芦苇种在公园湖边，开花季节特别美观。公园里经常可以看到芦苇优雅的身影，其生命力强，易管理，适应环境广，生长速度快，是旅游景点常见的观赏植物之一。

经济价值：芦苇秆含有纤维素，可用于造纸和人造纤维；还可用芦苇编制“苇席”，空茎制作芦笛，芦苇穗可以制作扫帚，花絮可以充填枕头。

生长周期：3 月上旬开始萌芽，8~9 月进入盛花期。

大型圆锥花序，有稠密下垂的小穗

花序的分枝较多

秋后植株颜色变黄

常片植于人工湖或公园湿地环境

生长周期：10~11 月果期，霜冻后，地上部分逐渐枯萎，进入休眠期。

紫芋

块茎粗厚，可食用；有侧生小球茎若干枚，倒卵形，略有柄，表面生褐色须根，可食用。叶 1~5 片，叶柄呈圆柱形，向上渐细，紫褐色；叶片呈盾状或卵状箭形，深绿色，基部具弯缺，侧脉粗壮，边缘波状。花序柄单生，直径 1 厘米左右；佛焰苞管部长略有纵棱，绿色或紫色，向上缢缩并逐渐变为白色；檐部较厚，席卷呈角状，金黄色，顶部略带紫色。

生长环境：喜高温，耐阴，耐湿，基部浸水也能生长，常用于水池、湿地栽培或盆栽；喜全日照或半日照。

分布区域：原产于我国南方地区，日本亦有栽培。

食用价值：块茎、叶柄、花序均可作蔬菜食用。

药用价值：紫芋入药有散结消肿、祛风解毒等功效，主治乳痈、无名肿毒、荨麻疹、疔疮、口疮、烧伤等症。

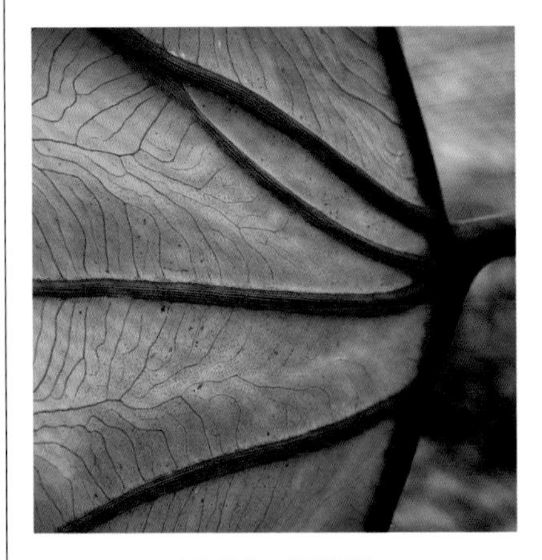

叶脉粗壮，呈紫褐色

湿地中常见片植的紫芋

生长周期：4 月初开始萌芽，7~9 月进入花果期。

野芋

块茎直径为 2~4 厘米，大小不等，茎部须根多。叶与花序同时抽出；叶柄密生紫色斑点，中部以下有膜质叶鞘；佛焰苞紫色，管部呈圆筒形或长圆状卵形，肉穗花序几无梗，附属器紫色，雄花无柄。

叶柄密生紫色斑点

叶基部呈心形，全缘

生长环境：喜温和湿润气候，略耐寒，耐荫蔽，耐干旱，沙质土可种植；多生于海拔 1 500 米以下的荒地、山坡、水沟旁。

分布区域：我国长江以南各地区均有栽培。

繁殖方式：无性繁殖为主。用匍匐茎做插穗繁殖，将有芽眼的茎分成段，插入苗床中，苗床蓄水 1~3 厘米为宜，生根发芽后施肥。

药用价值：球茎可供药用，有逐寒湿、祛风痰、镇痉等功效，可治中风痰壅、口眼歪斜、破伤风等症。外用对各种疔、毒、疮、疖均有一定疗效，可治跌打损伤、淋巴结核。

肉穗花序几无梗

用于造景也是一道美丽的风景

生长周期：3 月底开始萌芽，7 月初见花，9 月底花期结束。

别名：鱼腥草、折耳根　　科属：三白草科，蕺菜属　　多年生挺水草本

蕺菜

匍匐茎呈扁圆形，皱缩而弯曲，表面为黄棕色或紫红色，有纵棱和明显的节，下部节生有须根。互生叶，展平后为心形，上叶面为暗绿或黄绿色，下叶面为绿褐色或灰棕色，常带紫红色；掌状叶脉 5~7 条；细长叶柄上无毛。穗状花序，花为 4 瓣，白色花瓣。蒴果近球形，顶端开裂；种子多数，卵形。

穗状花序，花白色，4 瓣

茎呈黄棕色或紫红色

叶互生，展平后为心形

生长环境：喜温暖湿润的气候，忌干旱；多生长于田埂、水沟、池边潮湿地、林下阴湿处、山脚路边、林缘等地。

分布区域：主要分布在我国江苏、江西、浙江、广东、广西、四川、云南、山东、陕西等地。

药用价值：味辛，性寒凉，入药有清热解毒、消肿疗疮、利尿除湿、健胃消食等功效，用于治疗实热、湿邪等引发的肺痈、疮疡肿毒、痔疮便血、脾胃积热等症。

食用价值：蕺菜有多种吃法，可洗净之后切段凉拌，可煮汤、煎炒或做成咸菜食用。

匍匐茎呈扁圆形，下部节生有须根

地下匍匐茎称为折耳根，可食用

生长周期：3~4 月开始萌芽，盛花期为 5~6 月，7~8 月为果期。

叶子干制后可用来泡茶，能清热解毒、消肿通便

生长密集繁茂，叶形奇特，掌状叶脉明显

花洁白，娇小可爱，可作为观赏植物种植

栽培变种花叶蕺菜，丛植十分美丽

生长周期：冬季地上部分枯死，地下茎可越冬。

泽泻

全株有毒，地下块茎毒性较大；块茎直径1~3.5厘米。沉水叶呈条形或披针形；挺水叶呈宽披针形、椭圆形至卵形，先端渐尖，稀急尖，基部宽楔形、浅心形，叶脉通常为5条，叶柄长1.5~30厘米，基部渐宽，边缘膜质。花葶高78~100厘米；花序有3~8轮分枝；花两性，白色、粉红色或浅紫色；花药为椭圆形，黄色或淡绿色。瘦果呈椭圆形或近矩圆形；种子紫褐色，具凸起。

挺水叶为宽披针形、椭圆形至卵形

生长环境：喜光，稍耐阴，对水位和气温的适应范围较广，多生于湖泊、河湾、溪流、水塘的浅水带，沼泽、沟渠及低洼湿地亦有生长。

分布区域：在我国主要分布于黑龙江、吉林、辽宁、内蒙古、河北、山西、陕西、新疆、云南等地；欧洲、北美洲、大洋洲等地亦有分布。

繁殖方式：有性繁殖和无性繁殖均可。有性繁殖时，将种子浸种后播种。无性繁殖时，采用分芽繁殖或块茎繁殖。

园艺种类：（1）小泽泻。同属泽泻科、泽泻属植物。中国特有种，是泽泻属中植株最矮小者，植株细弱，块茎不明显；叶为宽披针形、椭圆形至卵形，先端尖或急尖，基部圆形或稍窄；叶柄细弱；花药宽大，花丝很短；果实小，背沟果皮膜质、透明；主要分布在我国新疆地区。

丛植泽泻

（2）东方泽泻。块茎直径1~2厘米；挺水叶呈宽披针

生长周期：3月中下旬开始逐渐萌芽，5~9月为花果期。

形、椭圆形，有叶脉 5~7 条；叶柄长 3.2~34 厘米，较粗壮；花药黄绿色或黄色；种子紫红色；花果期 5~9 月；我国各地均有分布，日本、朝鲜、蒙古、印度等地也有分布。

（3）窄叶泽泻。块茎直径 1~3 厘米；沉水叶呈条形，叶柄状；挺水叶呈披针形，稍呈镰状弯曲；花葶直立；花序有 3~6 轮分枝；瘦果倒卵形，或近三角形，果喙自顶部伸出；种子深紫色，矩圆形；花果期为 5~10 月；主要分布于中国、朝鲜、日本等地；全草可入药，有清热解毒、利水消肿的功效。

泽泻同时有沉水叶和挺水叶

小泽泻

东方泽泻

窄叶泽泻

别名：开花灯芯草　科属：花蔺科，花蔺属　多年生挺水草本

花蔺

丛生，根茎粗壮，横生或斜向上生长，节生须根多数。叶基生，无柄，上部挺出水面，线形，三棱状，基部成鞘状。花茎直立，圆柱形，有纵纹；花两性，呈顶生伞形花序；花被片外轮较小，萼片状，绿色而稍带红色，内轮较大，花瓣状，粉红色。蓇葖果成熟时沿腹缝线开裂，顶端具长喙，内有细小的种子多数。

线形叶，无柄

直立花茎圆柱形，有纵纹

丛生茎，挺出水面后向上直立生长

生长环境：喜温暖、湿润，在通风良好的环境中生长最佳；多生长于湖泊、水塘、沟渠的浅水处，沼泽、湿地、水稻田中也很常见。

分布区域：在我国内蒙古、河北、山西、陕西、新疆、山东、江苏、河南、湖北等地均有分布；欧洲亦有分布。

繁殖方式：有性繁殖和无性繁殖均可，以无性繁殖为主。无性繁殖有根茎繁殖和株芽繁殖两种，通常在春季进行。

观赏价值：花蔺初花时为白色，后逐渐变成粉红色至深红色，搭配线条流畅的绿叶，显得更加雅致宜人，十分适合应用在小型水景或水生花境中，片植、丛植或孤植均可。

花两性，粉红色

伞形花序顶生于花葶顶端

生长周期：南方地区 3 月初开始萌芽，花期为 5~9 月；北方地区稍晚。

丛植花蔺

孤植花蔺

水深梯度配置，搭配睡莲

带状种植于水际线边缘

水鬼蕉

伞形花序，无柄，有3~8朵小花着生于茎顶

基生叶呈倒披针形

叶基生，呈倒披针形，先端急尖。花葶硬而扁平，实心；伞形花序，有3~8朵小花着生于茎顶，无柄；花径可达20厘米左右，花被筒长裂，一般呈线形或披针形；雄蕊6枚着生于喉部，下部呈杯状或漏斗状副冠，花绿白色，有香气。蒴果卵圆形或环形，成熟时裂开；种子为海绵质状，绿色。

生长环境：喜光照好、温暖湿润的生长环境，喜水，也耐阴，耐旱，不耐寒；喜肥沃的土壤；多生长于浅水区和地下水位较高的土壤中，在乔林下也能生长良好，也可作为室内观叶植物水培或土培。

分布区域：原产于美洲热带地区，现我国华南地区栽培较多。

繁殖方式：以无性繁殖为主。春季挖出种球，将子球从母球上分离，种植在苗床中，育苗期应注意保温，避免早春伤冻。

花被筒长裂，呈线形或披针形

花筒下部呈杯状或漏斗状副冠，花有香气

生长周期：于4月中旬萌芽，7月中旬始花。

观赏价值：水鬼蕉叶姿健美，花白色，花形别致，亭亭玉立；孤植、片植、丛植均可。既适合盆栽观赏，又可用于庭院布置或作为花境、花坛用材。

花葶实心，直挺，小花无柄

喜水耐旱，在热带地区可以终年生长

多片植于水位线两侧的水陆交界处

陆地或水域种植都能生长良好

玉蝉花

根状茎粗壮，斜伸，基部有棕褐色叶鞘残留的纤维；须根绳索状，灰白色，有皱缩的横纹。叶条形，两面中脉明显。花茎圆柱形，实心，有 1~3 枚茎生叶；苞片 3 枚，近革质，披针形，内包含 2 朵花；花深紫色，直径 9~10 厘米。蒴果长椭圆形，成熟时自顶端向下开裂；种子棕褐色，扁平，半圆形，边缘呈翅状。

生长环境：性喜温暖湿润，耐寒性强，南方地区露地栽培时，地上茎叶不会完全枯死；对土壤要求不高，以土质疏松肥沃的土壤为好；多生长于水边湿地。

分布区域：主要分布于我国黑龙江、吉林、辽宁、山东、浙江等地；朝鲜、日本及俄罗斯亦有分布。

繁殖方式：有性繁殖和无性繁殖均可。播种繁殖在 8 月底种子成熟时即可播种，播种后 4~6 周出苗。分株繁殖通常在 3 月或花凋谢后进行，挖起母株，将根茎分割，各带 2~3 芽，分别栽植即可。

花色艳丽，观赏性极佳

适合片植

生长周期：南方地区于 2 月底至 3 月初开始萌芽，4~9 月为花果期。

观赏价值：玉蝉花花姿绰约，花色典雅，花朵硕大，色彩艳丽，花形和花色变化很大，观赏价值较高；适合片植或丛植在湿地公园、池旁或湖畔点缀，也是制作切花的好材料。

叶形似剑，花姿端庄，看上去雍容华贵

大面积混种，开花后美不胜收

常片植于湿地公园、公共绿地等

陆地种植时，要求土壤疏松肥沃

生长周期：北方地区 3 月下旬开始萌芽，5~8 月为花果期。

姜花

茎高1~2米。叶互生，呈长圆状披针形或披针形，顶端长渐尖，基部急尖，叶面光滑，叶背生有短柔毛；无柄；叶舌薄膜质。穗状花序顶生，椭圆形；花朵气味芳香，白色；花萼管状，顶端一侧开裂；花冠管纤细，裂片为披针形，后方的1枚呈兜状，顶端具小尖头。

生长环境：喜高温、高湿、稍阴的生长环境；在微酸性的肥沃沙质壤土中生长良好；冬季气温降至10℃以下，地上部分枯萎，地下姜块休眠越冬。

分布区域：国外主要分布于印度、澳大利亚、马来西亚、越南等地；在我国台湾、广西、广东、香港、湖南、四川、云南等地也有分布。

繁殖方式：有性繁殖和无性繁殖均可。生产上多采用分株繁殖，从成年植株丛中截取分株，4~5月种植，当年即可开花。

药用价值：姜花的根茎及果实皆可入药。根茎有温中健胃、解表、祛风散寒、温经止痛等功效。果实有温中健胃、解表发汗、散寒止痛等功效，主治脘腹胀痛、寒湿瘀滞等症。

白色顶生花序

长圆状叶互生

生长周期：4月中下旬萌芽，9~10月进入盛花期。

花萼管状，顶端开裂

花朵白色，气味芳香

盛开时如群蝶飞舞于枝头，非常美丽

常作为切花，用来装点室内

溪荪

根状茎粗壮，斜伸，有灰白色绳索状的须根及皱缩的横纹。叶条形，中脉不明显。花茎光滑，实心，具1~2枚茎生叶；苞片3枚，膜质，绿色，披针形，内包含有2朵花；花蓝紫色，直径6~7厘米；外花被裂片呈倒卵形，基部有黑褐色的网纹及黄色的斑纹，爪部楔形；内花被裂片直立，呈狭倒卵形。果实呈长卵状圆柱形，有6条明显的肋，成熟时自顶端向下开裂至1/3处。

花蓝紫色，直径6~7厘米

花茎光滑，实心

生长环境：喜光，也较耐阴，在半阴环境下可正常生长；喜温凉气候，耐寒性强；多生长于灌木林缘、向阳坡地及水边湿地。

分布区域：分布于我国黑龙江、吉林、辽宁、内蒙古等地；日本、朝鲜及俄罗斯亦有分布。

陆地种植也很常见

花色优雅，花姿绰约

生长周期：3~4月萌芽，5~6月进入盛花期，7~9月果期结束。

别名：浮蔷、蓝花菜、蓝鸟花　科属：雨久花科，雨久花属　一年生挺水草本

雨久花

根状茎粗壮，有柔软的须根。茎直立，全株光滑无毛，基部有时带紫红色。基生叶为宽卵状心形，全缘，有多数弧状脉；叶柄有时膨大成囊状；茎生叶的叶柄渐短，基部增大成鞘，抱茎。总状花序顶生，或再聚成圆锥花序；花梗长 5~10 毫米；花被片为椭圆形，蓝色；有雄蕊 6 枚，花药浅蓝色，花丝丝状。蒴果呈长卵圆形。种子呈长圆形，有纵棱。

直立挺出水面

茎生叶叶柄渐短，基部增大成鞘

花蓝色

生长环境：喜温暖，耐寒，在 18~32℃的温度范围内生长良好；多生长于浅水池、水塘、沟边、沼泽地和稻田中。

总状花序顶生

分布区域：在我国东北、华北、华中、华东和华南等地均有分布；朝鲜、日本、俄罗斯等国亦有分布。

繁殖方式：有性繁殖。播种前对基质进行消毒，把种子放到锅里炒热，将病虫烫死，然后用温热水浸泡种子 3~10 小时，直到种子吸水并膨胀起来，再进行播种。

药用价值：全草可入药，有清热解毒、止咳平喘、祛湿消肿等功效，可用于治疗咳喘、小儿丹毒等症。

生长周期：5 月开始萌芽，7~9 月为盛花期，9~10 月为果期。

别名：旱伞草　　科属：莎草科，莎草属　　多年生挺水草本

风车草

叶状苞片排列在茎秆的顶端

粗壮的茎秆直立生长，近圆柱形，丛生

株高 40~160 厘米，茎秆粗壮，直立生长，茎近圆柱形，丛生。叶状苞片呈螺旋状排列在茎秆的顶端，向四面辐射开展，扩散呈伞状。聚伞花序，有多数辐射枝，每个辐射枝端常有 4~10 个第二次分枝，小穗多个，密生于第二次分枝的顶端。果为小坚果，椭圆形近三棱形。

生长环境：喜温暖湿润的生长环境，要求通风并有阳光照射，但忌强光暴晒；土壤要求湿润，以腐殖质比较多的黏土为宜；不耐寒，冬天的生长温度不低于 5℃。

分布区域：我国黄河流域及其以南各地均有栽培。

繁殖方式：有性繁殖和无性繁殖均可。有性繁殖于 3~4 月进行，用撒播法把种子撒入有培养土的盆内，覆盖上薄土，浇足水，保持盆土的湿润，约 10 天后可发芽。分株繁殖适宜在 3~4 月进行，把母株挖出，分切成数丛，随分随种。扦插繁殖最为常用，剪取茎秆顶端，带叶插入苗床即可。

生态价值：风车草对氮、磷和一些有害气体有较高的去除率，是一种既可观赏又可净化水质的优良植物。

聚伞花序，有多数辐射枝

人工培育的风车草

生长周期：4 月上旬开始萌芽，6 月开花，8~10 月为果期。

株丛茂密，叶形别致，常作为庭院造景的材料

常置于石旁和水陆交界处

浅滩处野生的风车草

可养于室内观叶，也可作水培或切叶应用

别名：短叶莎草　　科属：莎草科，水蜈蚣属　　多年生挺水草本

水蜈蚣

呈窄线形的叶，基部鞘状抱茎

秆呈扁三棱形

全株光滑无毛，丛生，有匍匐根状茎。形似蜈蚣，生有数节，节下生有须根，每节上有一小苗；秆成列散生，较纤弱，呈扁三棱形。叶为窄线形，基部鞘状抱茎。球形、黄绿色的头状花序生于秆顶，密生多数小穗，小穗为长圆状披针形或披针形，压扁，有 1 朵花；下面有向下反折的叶状苞片 3 枚，因此又被称为“三荚草”。坚果呈卵形，极小。

生长环境：性喜水，也耐旱，可水陆两生；多生于溪沟、农田、潮湿地及湖泊、水库消落区等处。

分布区域：主要分布于我国江苏、安徽、浙江、福建、江西、湖南、湖北、广西、广东、四川、云南等地。

繁殖方式：以无性繁殖为主。春季以 3~5 芽一丛，株行距均为 20 厘米的密度进行分株繁殖。

药用价值：根茎可入药，有祛瘀、消肿、止痛、杀虫、舒筋、活络等功效，可治风寒感冒、寒热头痛、筋骨疼痛、咳嗽、疟疾、黄疸、痢疾、疮疡肿毒、跌打损伤等。

球形、黄绿色的头状花序

可水陆两生

喜水耐旱，生命力顽强

生长周期：2 月底至 3 月初萌芽，5~9 月为花果期。

埃及莎草

顶生花序，可见伞形的苞叶

秆高 30~60 厘米，三棱形，实心

丛生，全株苍绿，秆高 30~60 厘米。茎秆为三棱形，实心，茎节不明显。叶为条状披针形。花序顶生，在花葶顶端长出细丝般排成伞形的苞叶，放射状分布，有簇生小穗。

生长环境：喜温暖的气候环境，喜湿耐旱，有一定耐阴性，在全日照的条件下长势良好；多生于湖泊、池塘湿地、河岸或排水沟渠。

分布区域：原产于非洲，现我国长江以南地区均有栽培。

繁殖方式：无性繁殖为主。扦插繁殖，只需剪下带叶的茎秆顶端插入苗床即可。

观赏价值：埃及莎草的植株密集成丛，茎叶优雅，群体效果好，可于庭园水景边缘种植，丛植、片植或孤植均可。埃及莎草有水陆两栖的特点，可种植在水际线两侧，水际线区域可与千屈菜、少花象耳草、泽泻、梭鱼草等挺水植物搭配；水深梯度可与睡莲、水金英等植物搭配。

披针形叶

苞叶呈放射状分布

生长周期：4 月上旬萌芽，5~9 月进入花果期。

白鹭莞

直立秆十分挺拔
叶丛生，为线形或剑形叶，极窄

植株矮小，株高30~60厘米，秆直立挺拔。丛生叶为线形或剑形叶，极窄。花序顶生，苞片基部白色,先端渐绿花序白色，花丝为淡黄色。瘦果。

生长环境：喜温暖，耐高温，喜光，以潮湿的壤土为佳。

分布区域：原产于北美洲，现我国华东、华南、西南等地均有栽种。

繁殖方式：主要采用分株的方法进行繁殖，春季时按丛起苗，3~4芽为一丛，插苗的秆茎高度约30厘米即可。

观赏价值：植株纤细飘逸，花朵洁白，可盆栽也可用于装饰小型水景。丛植或片植在水际线，可与马蹄莲、慈姑、少花象耳草搭配应用；水深梯度可与千屈菜、花菖蒲、睡莲等植物搭配。

花苞片基部白色，先端渐绿

种植要领：宜种植于肥力好、潮湿的土壤中，水体深度在20厘米以内；种植密度为每平方米36~49丛，每丛10~15芽。

养护管理：生长期预防杂草入侵，秋后预防冻害。

生长周期：3月中旬开始萌芽，花期为5-11月。

因其扩展的雪白苞片仿佛白鹭展翅，故称它为“白鹭莞”；亦有人认为其花苞片向外扩展下垂，远看颇像天上的星芒，故也有“星光草”之称

白鹭莞花白色；花丝淡黄色；苞片基部白色，先端渐绿

白鹭莞植株矮小，但茎秆修长，看上去亭亭玉立

白鹭莞造景，可盆栽赏玩

萤蔺

丛生，根状茎短，有须根。秆稍坚挺，呈圆柱状，少数近于有棱角；鞘的开口处为斜截形，顶端急尖或圆形，边缘为干膜质，无叶片。小坚果呈宽倒卵形，或倒卵形，平凸状，稍皱缩，成熟时呈黑褐色，有光泽。

生长环境：喜湿不耐旱，多生长在路旁、荒地潮湿处，或生于水田边、池塘边、溪旁、沼泽中。

分布区域：我国除内蒙古、甘肃、西藏外，各地均有分布；印度、缅甸、马来西亚及澳大利亚亦有分布。

繁殖方式：以无性繁殖为主，在生长期将植株分成 5~10 芽的小丛，种植于苗床即可，种植后做好水肥管理。

观赏价值：挺直秀丽，青翠可爱，可片植或丛植；在水际线区域和水深梯度均可应用。

萤蔺在野外一般仅见于水域，偶尔能在季节性淹水地发现它们的身影

萤蔺喜湿畏旱，一般不见于旱生环境

生长周期：3 月上旬萌芽，花期为 7~10 月。

别名：草芦、园草芦　　科属：禾本科，虉草属　　多年生挺水草本

虉草

叶片为灰绿色

茎秆通常单生或少数丛生

具根状茎；秆较粗壮，茎秆通常单生或少数丛生，高 60 ~ 140 厘米。叶鞘无毛；叶片为灰绿色。圆锥花序紧密狭窄，分枝上密生小穗；小穗长 4 ~ 5 毫米，有 3 朵小花，下方 2 朵退化为条形的不孕外稃，顶生花为两性。种子淡灰色至黑色，长约 3 毫米。

生长环境：多生于溪边或潮湿草丛中，季节性淹水地、路旁、河流、湖泊浅水区等地也常见；在有机质含量高的沙土中生长良好，也适合在肥沃的壤土和黏土中生长；较抗旱。

分布区域：分布于我国东北、西北、华北、华中地区；在欧洲、非洲亦有分布。

药用价值：全草可入药，有调经、止带的功效，可治月经不调、赤白带下等症。

适宜于较小体量水系，家庭园艺或花境中应用

叶浅绿色，成片着生，随风摇曳时能带来别样的风景

生长周期：3~4 月是生长旺盛期，4~5 月为花果期。

别名：水柳、水枝柳、对叶莲　　科属：千屈菜科，千屈菜属　　多年生挺水草本

千屈菜

茎直立，呈方柱形，多分枝，青绿色，略被粗毛或密被绒毛。叶对生或三叶轮生，呈披针形或阔披针形，顶端钝或短尖，基部圆形或心形，有时略抱茎，灰绿色，全缘，没有叶柄。小聚伞花序，簇生，因花梗和总梗极短，所以花枝全形组成一个大型的穗状花序；苞片为阔披针形至三角状卵形、三角形；花瓣为红紫色或淡紫色，稍皱缩。扁圆形的蒴果全包在宿存花萼内。

小聚伞花序，簇生并组成一个大型的穗状花序

青绿色的茎直立，多分枝

叶呈披针形或阔披针形

生长环境：喜温暖、光照充足、通风好的环境；比较耐寒，喜水湿，多生长在沼泽地、水旁湿地和河边、沟边；对土壤要求不高，在土质肥沃的塘泥基质中花色艳丽，长势强壮。

分布区域：我国各地均有栽培；在欧洲、非洲、北美洲和大洋洲等地亦有分布。

繁殖方式：以无性繁殖为主。可分株或扦插繁殖，早春或秋季分株，春季用嫩枝扦插繁殖。

千屈菜提取物具有抗炎和止痛作用，还有一定的抗氧化作用

可做插花，放于室内观赏，具有别样的美感

生长周期：南方地区在 2 月中下旬开始萌芽，5 月初开花，花期 6~10 月。

观赏价值：枝叶茂密，开花繁茂，花色鲜艳，花期长，将千屈菜片植于水际线两侧，别有韵味。

药用价值：全草入药，有清热、凉血、收敛、止泻等功效；可治痢疾、崩漏、吐血、外伤出血、疮疡溃烂等症。

耐一定程度的干旱与贫瘠，可于陆地种植

片植于小型水系中

野生千屈菜常成片出现，盛花期是野外一道迷人的风景

丛植于水岸线边缘

生长周期：北方地区于3月中下旬开始萌芽，6~9月为盛花期。

▌别名：苦堇、水堇、清香草　　科属：毛茛科，毛茛属　　二年生挺水草本

石龙芮

石龙芮有簇生的须根。茎直立，高50厘米左右。基生叶为肾状圆形，基部心形，3道深裂不达基部，裂片倒卵状楔形，顶端钝圆，有粗圆齿，无毛；茎生叶下部叶与基生叶相似，上部叶较小，3全裂，裂片披针形至线形，全缘，顶端钝圆形，基部扩大成膜质宽鞘抱茎。多小花，呈聚伞花序，花径4~8毫米；有花瓣5片，呈倒卵形，基部有短爪，蜜槽呈棱状袋穴。聚合果呈长圆形，多瘦果，排列紧密，呈倒卵球形，稍扁。

上部叶较小，全缘

茎直立，高50厘米左右

生长环境：生于平原湿地或河沟边，甚至生于水中。性喜热带、亚热带温暖潮湿的气候，野生于水田边、溪边、潮湿地区，忌土壤干旱，在肥沃的腐殖质土中生长良好。

分布区域：我国各地均有分布；欧洲、北美洲的亚热带至温带地区广有分布。

繁殖方式：有性繁殖。当季的种子采集后于同年9月可进行播种育苗，因种子细小，播种后需覆盖少许草皮灰及薄层稻草，之后浇透水，播种后10~15天可出苗。

呈聚伞花序的小花，花径4~8毫米

生长周期：种子于9月发芽，翌年4~5月为花果期

花瓣 5 片，呈倒卵形

基生叶为肾状圆形，基部心形

湿地种植喜肥沃、中性的土壤，在季节性淹水地上也能生长良好

水岸线种植可呈带状，能带来别致的自然野趣感

圆叶节节菜

叶对生，近圆形、阔倒卵形或阔椭圆形

花极小，为淡紫红色

圆叶节节菜的匍匐茎细长；地上茎单一或少有分枝，直立，丛生，高 5~30 厘米，微带紫红色。叶对生，无柄或稍有短柄，近圆形、阔倒卵形或阔椭圆形，顶端圆形，基部钝形，或无柄时近心形。花单生于苞片内，组成顶生稠密的穗状花序，花极小，近无梗，为淡紫红色。蒴果呈椭圆形，有 3~4 瓣裂。

生长环境：喜温暖、潮湿的生长环境，对土壤要求不高，以肥沃疏松的沙壤土或腐殖质较多的壤土为好，忌干旱；多生于水田或潮湿的地方。

分布区域：在我国广东、广西、福建、台湾、浙江、江西、湖南、湖北、四川、贵州、云南等地有分布；在印度、马来西亚、斯里兰卡及日本亦有分布。

繁殖方式：以无性繁殖为主。在生长期用分株法和扦插法进行繁殖。

地上茎很少分枝

花期的圆叶节节菜

生长周期：早春 2 月底即可萌芽，5~7 月为花果期。

小婆婆纳

茎丛生，下部匍匐生根，中上部直立。叶无柄或近无柄；叶为卵圆形至卵状矩圆形，边缘有浅齿缺，极少为全缘，有明显的 3~5 出脉或为羽状叶脉。总状花序多花，单生或复出；花冠蓝色、紫色或紫红色。蒴果呈肾形或肾状倒心形，基部圆或几乎平截，边缘有一圈多细胞腺毛。

生长环境：性喜温暖，耐高温，畏寒冷，全日照及半日照的条件下均可生长良好。

分布区域：在我国东北、西北、西南等地有分布，以湖南、湖北两省较为常见。

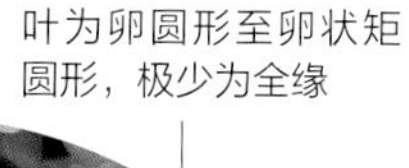

叶为卵圆形至卵状矩圆形，极少为全缘

茎中上部直立

茎丛生

植株小，成熟植株一般高 10~30 厘米

生长周期：2~4 月开始萌芽生长，花期为 5~10 月。

别名：合子草、黄丝藤、天球草　科属：葫芦科，盒子草属　一年生挺水草本

盒子草

叶片边缘波状，或有小圆齿或有疏齿

枝纤细

枝纤细，密生长柔毛，后脱落。叶柄较细，有短柔毛；叶形变异大，心状戟形、心状狭卵形或披针状三角形，不分裂或3~5裂或仅在基部分裂，边缘波状，或具小圆齿或具疏齿，基部弯缺半圆形、长圆形、深心形，裂片顶端为狭三角形，先端稍钝或渐尖，顶端有小尖头，叶两面生有稀疏的疣状凸起。花序轴细弱；花萼裂片线状披针形，边缘有疏小齿；花冠裂片披针形，先端尾状钻形。果实绿色，卵形或圆卵形，自近中部盖裂，果盖锥形；内有种子2~4枚，种子表面有不规则雕纹。

生长环境：喜湿，耐阴，多生长在山坡阴湿处草丛中或沟边灌丛中。

分布区域：在我国主要分布于辽宁、河北、河南、山东、江苏、浙江、安徽、湖南、四川、西藏、云南、广西、江西、福建、台湾等地；朝鲜、日本、印度等国亦有分布。

繁殖方式：一般以有性繁殖为主，采收当季的种子于翌年春季播种。

水生植物中难得的攀缘草本

果实绿色，卵形或圆卵形

种子表面有不规则雕纹

生长周期：3月初可以播种，6~11月为花果期

锦绣苋

锦绣苋的茎分枝较多，上部为方柱形，下部为圆柱形，两侧各有一纵沟，在顶端及节部均有柔毛；叶为长圆形、长圆状倒卵形或匙形，绿色或红色，或部分绿色杂以红色或黄色斑纹。头状花序 2~5 个丛生于茎顶或叶腋，花小，有花被 5 小瓣。

生长环境：喜温暖、湿润的气候环境，喜水耐旱，在陆地和潮湿地均能生长良好；喜阳光充足，不耐寒；喜富含腐殖质、疏松肥沃的沙壤土。

分布区域：原产于南美洲，现在我国各地均有栽培。

繁殖方式：有性繁殖和无性繁殖均可。有性繁殖可在 3~4 月进行，将种子和细沙一起搅拌后播种，之后再用草覆盖保湿，待幼苗长到 10 厘米左右进行移植。无性繁殖将带节的插穗插入苗床中，10~20 天即可生根，可分为水插和土插。

药用价值：入药有凉血止血、散瘀解毒等功效，可治吐血、咯血、便血、跌打损伤、结膜炎、痢疾等症。

可陆地种植

可作为室内装饰材料

生长周期：每年 3~4 月萌芽，6~10 月进入花果期。

别名：菩提子、川谷、野五谷、念珠薏苡　**科属：**禾本科，薏苡属　多年生挺水草本

薏苡

叶片线状披针形或剑形，边缘粗糙

颖果椭圆形，内有扁圆形种子

须根较粗，黄白色。茎丛生，直立，具节，高 1~1.5 米。叶片线状披针形或剑形，长 10~14 厘米，宽 1~4 厘米；边缘粗糙，中脉粗厚，于背面突起；叶面绿色，叶背面淡绿色；叶鞘光滑。总状花序腋生成束；雌小穗位于下部，外面包以骨质念珠状的总苞；雄蕊退化；雌蕊具长花柱；雄小穗常 2~3 枚生于 1 节；颖果呈椭圆形，外包坚硬的总苞，内有扁圆形种子，中线有一深沟，色褐，内肉白色，含大量淀粉。

生长环境：适应性广，抗逆性强，病虫害少，喜温暖、潮湿的环境，忌高温闷热，喜水，忌干旱，不耐寒，最适宜在昼夜温差大的地区种植。栽培土壤以肥沃潮湿、中性或微酸性、保水性能良好的土质最为适宜。

分布区域：常生于山野、路旁、溪畔等阴湿处，我国大部分地区均有分布，现多有人工栽培。印度、缅甸、泰国、越南、马来西亚、印度尼西亚、菲律宾等国也有分布。

果可串珠成链，制作文玩首饰

野外常丛生于阴湿处

生长周期：江浙地区 4 月初萌芽，8 月开始开花，9 月底花期结束。

垂柳

垂柳是常见的树种之一，小枝细长下垂，淡黄褐色、淡褐色或略带紫色。叶互生，披针形或条状披针形，长 8~16 厘米，先端渐长尖，基部楔形，无毛或幼叶微有毛，有细锯齿，托叶披针形。花序先叶开放，或与叶同时开放。蒴果长 3~4 毫米，绿黄褐色。

生长环境：性喜水，喜温暖湿润的气候及潮湿深厚的酸性及中性土壤；较耐寒，耐水湿，多生长于河流、湖畔、池塘、水渠等水系边。

分布区域：广泛分布在我国各地。

繁殖方式：繁殖以扦插为主，也可用种子繁殖。

经济价值：木材可制家具。

药用价值：枝、芽、叶可入药，有祛风止痛、利湿解毒等功效。

枝条细长，下垂

嫩叶与花序可食用，清热解毒

水际线种植的垂柳是公园中常见的景观

生长周期：2 月底至 3 月初萌芽，3~4 月进入花期，4~5 月为果期。

别名：池柏、沼杉　科属：柏科，落羽杉属　落叶挺水乔木

池杉

绿色的小枝细长，略向下弯垂

树皮褐色，纵裂

叶多为钻形，略向内弯曲

池杉为落叶乔木，树干基部膨大，在低湿地生长会长出屈膝状吐吸根；树皮褐色，纵裂呈长条片脱落；枝向上展，树冠常较窄，呈尖塔形；小枝为绿色，细长，略向下弯垂。叶多为钻形，略向内曲，常在枝上螺旋状伸展，下部多贴近小枝，基部下延。球果圆球形或长圆状球形，有短梗，种子呈不规则三角形，略扁，红褐色，边缘有锐脊。

生长环境：喜温暖湿润、阳光充足的生长环境，耐旱，耐寒；喜深厚、疏松、湿润的酸性土壤，多生长于沼泽地区。

分布区域：原产于北美洲；现我国华东、华中、华南、中南、西南等地均有栽培。

繁殖方式：可采用播种育苗，也可采用扦插育苗。采种后翌年 3 月，经过浸种催芽后再播种；苗床宜选择疏松、排水良好、有机质含量高、微酸性的沙土。

观赏价值：树形挺拔优美，枝叶秀丽，秋后叶色红艳，是观赏价值很高的园林树种，适合水边湿地成片栽植，孤植或丛植也可。

秋后叶色红艳，颇为壮观

池杉的膝根

生长周期：3 月下旬至 4 月下旬为花期，5~10 月为果期。

第二章

浮叶植物

浮叶植物的叶片背面在水体中，而叶片表面暴露于水面，可以直接接受阳光照射并接触空气，加之夏季高温时，由于叶背处于水体，能降低叶温，有助于充分利用光能。当浮叶植物过于拥挤时，其部分叶还能挺出水面，呈莲座状，从而提高光能利用率。常见的浮叶植物有睡莲、芡、菱、蕹菜、荇菜等。

蘋

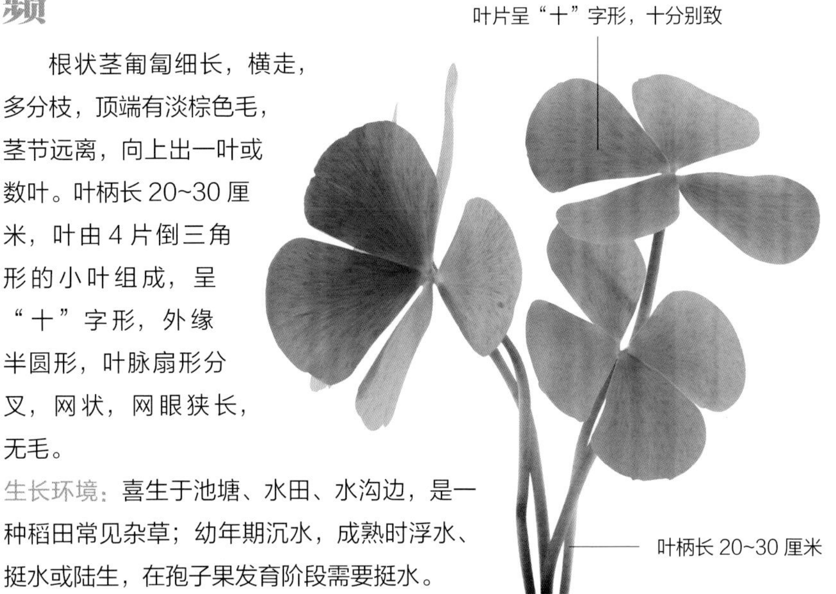

根状茎匍匐细长，横走，多分枝，顶端有淡棕色毛，茎节远离，向上出一叶或数叶。叶柄长 20~30 厘米，叶由 4 片倒三角形的小叶组成，呈“十”字形，外缘半圆形，叶脉扇形分叉，网状，网眼狭长，无毛。

生长环境：喜生于池塘、水田、水沟边，是一种稻田常见杂草；幼年期沉水，成熟时浮水、挺水或陆生，在孢子果发育阶段需要挺水。

分布区域：分布于我国长江以南各地区；世界热带至亚热带均有分布。

繁殖方式：用孢子果作为传播体，可在泥中靠水扩散。

药用价值：全草可入药，有清热解毒、消肿利湿、止血、安神的功效。

观赏价值：整体形态美观，适合在小环境水体中应用，配以水金英、睡莲、莼菜等。

蘋的挺水叶

同时具备挺水叶与浮水叶

生长周期：南方地区 3 月下旬至 4 月上旬从根茎处长出新叶，9~10 月产生孢子囊。

蘋盆栽

横走的茎，多分枝

浮桥造景，郁郁葱葱，生命力极其旺盛

蘋的浮水叶

野外喜丛生于池塘、水田或水沟边

粉绿狐尾藻

雌雄异株，株高 50~80 厘米。茎直立。有二型叶，羽状复叶轮生，沉水叶每轮 4~7 枚，黄绿色；挺水叶每轮 6 枚，深绿色。穗状花序，花细小，直径约 2 毫米，白色。

生长周期：3 月初开始萌芽，11 月霜后，水上部分枝叶逐渐枯黄。

分布区域：原产于阿根廷、巴西、乌拉圭、智利；现我国华中、华南、华东等地多有栽培。

生长环境：生长适应性强，喜阳光充足的生长环境；喜温暖，稍耐寒，喜水，也耐干旱，在潮湿地长势良好。

观赏价值：适合室内水体绿化，也是装饰水族箱的良好材料，在水族箱中栽培时，常作为中景、背景草使用。

繁殖方式：以无性繁殖为主。在生长季节将母株按茎长 30~50 厘米进行分段，按株距 20 厘米、行距 30 厘米的密度，直接插入苗床中。

挺水叶为深绿色

沉水叶为黄绿色

生长周期：3 月初始萌芽，11 月霜后，水上部分枝叶逐渐枯黄。

适合与荷花共同布景

喜丛生

潮湿地长势好

叶羽状，轮生

陆地栽培可点缀环境，亦能片植构成群体景观

别名：空心菜、蕹菜、通菜、藤藤菜　　科属：旋花科，虎掌藤属　　一年生或多年生浮叶草本

蕹菜

叶片有形状、大小的变化

蔓生或漂浮于水面，茎为圆柱形，有节，节间中空，节上生根，全株光滑无毛。叶片有形状、大小的变化，可分为卵形、长卵形、长卵状披针形或披针形，顶端锐尖或渐尖，有短小的尖头；叶片基部为心形、戟形或箭形，全缘或波状，有时基部有少数粗齿，两面近无毛或偶有稀疏柔毛。聚伞花序生于叶腋，有花 1~5 朵；花冠白色、淡红色或紫红色，呈漏斗状。蒴果呈卵球形至球形，种子密被短柔毛或有时无毛。

生长环境：喜温暖、湿润的生长环境，耐炎热，不耐霜冻；喜光不耐阴，在全日照的环境下长势良好；喜肥，尤以营养丰富的软质底泥为宜。

圆柱形的茎，有节，节间中空，节上生根

分布区域：我国中部及南部各省均有栽培；遍及亚洲热带、非洲和大洋洲等地。

食用价值：蕹菜是很多地区民众夏季主要的叶类蔬菜之一，它含有钾、氯等元素，可调节肠道的酸碱度，预防肠道内的菌群失调；含有 B 族维生素、维生素 C 等，有清脂瘦身的功效；其叶绿素含量丰富，素有“绿色精灵”之称，可洁齿防龋，除口臭。

种子密被短柔毛或无毛

花冠白色、淡红色或紫红色，呈漏斗状

生长周期：4~6 月开始萌芽，7~9 月开花。

繁殖方式：通常先采用有性繁殖，后期采用无性繁殖。播种后待幼苗长至 25 厘米左右，便可剪取插穗进行无性繁殖，还可以根据品种的差异采取分株繁殖。扦插繁殖有土插和水插两种，水插的成活率及管理便捷度都优于土插。

种植要领：多采用剪取插穗的方式进行移栽；可片植或成带状栽植；水深控制在 30 厘米以内，也可栽植于季节性淹水区或潮湿地带；基质以营养丰富的软质底泥为佳。

养护管理：应适时进行疏除，避免因植株栽培过密、不通风透光等引发的植株枯黄。

园艺种类：蕹菜在栽培上有品种之分，其中根据栽培条件可分为水蕹菜（小叶种）和旱蕹菜（大叶种）；根据花色可分为白花种和紫花种。

大叶种蕹菜

小叶种蕹菜

水体片植，在营养丰富的软质底泥中长势良好

陆地种植的长势要明显弱于水田种植

别名：田干草、田干菜　科属：水蕹科，水蕹属　多年生浮叶草本

水蕹

穗状花序会在花期挺出水面

草质叶，全缘

根茎为卵球形或长锥形，有细丝状的叶鞘残迹，下部生有许多纤维状的须根。茎蔓匍匐生长，圆形而中空，分枝力强，茎粗且厚实，横径约1.5厘米，绿色；茎蔓节部易生不定根。叶沉水或漂浮于水面，草质；叶为狭卵形至披针形，全缘。穗状花序，顶生于花葶之上，花期挺出水面；佛焰苞早落，被膜质叶鞘包裹，花两性，无梗。蓇葖果为卵形，顶端渐狭成一外弯的短钝喙。

生长环境：耐水，耐肥，耐热，不耐寒，遇霜冻茎叶即枯死；宜选择湿地、水田栽培或灌溉方便的旱地种植，以土层深厚、肥沃、疏松的壤土为宜；多生于浅水塘、溪沟及蓄水稻田中。

分布区域：我国浙江、福建、江西、广东、海南、广西等地有分布；印度、泰国、柬埔寨、越南和马来西亚等国亦有分布。

叶沉水或漂浮于水面，草质

佛焰苞早落，被膜质叶鞘包裹

生长周期：3~4 月开始萌芽，花果期为 5~10 月。

莼菜

由地下匍匐茎萌发须根和叶片，有4~6个分枝及丛生状的水中茎，水中茎向上再生分枝。互生叶，为深绿色，椭圆状矩圆形，长6~10厘米，每节1~2片，浮生在水面或沉入水中，嫩茎和叶背有胶状透明物质。夏季抽生花茎，开暗红色小花。

生长环境：莼菜喜水质清洁、土壤肥沃；适宜生长温度为20~30℃，在水深20~60厘米的水域中生长良好，气温40℃左右时生长缓慢，气温低于15℃时生长逐渐停止；多生于池塘湖沼。

分布区域：在日本、印度，以及北美洲、大洋洲、非洲均有分布；我国云南、四川、湖南、湖北、江西、浙江和江苏等地亦有分布。

食用价值：莼菜是珍贵的水生蔬菜，富含维生素、酸性多糖和微量元素等多种有益成分。

药用价值：莼菜全草可入药，有清热、利水、消肿、解毒等功效，主治热痢、黄疸、痈肿、疔疮等症。

莼菜的果实

多生于池塘、湖泊的浅水区域

生长周期：2月底至3月初萌芽，6~10月为花果期。

别名：芰、菱角、莲角、水菱、风菱、水栗　　**科属**：千屈菜科，菱属　　一年生浮叶草本

菱

叶片为广菱形，表面深亮绿色

呈弯牛角形，老熟时为紫黑色，微被极短毛

菱科菱属水生草本植物，因其果实常见的是长着两个角的，酷似牛角，又被称为“菱角”。菱角一般指菱的果实，也可指植物本身。菱中，长有两角的被称为“菱”，而长有三角、四角的还可被称为“芰”。菱的叶片为广菱形，表面深亮绿色，无毛，背面绿色或紫红色，密生淡黄褐色短毛（幼叶）或灰褐色短毛（老叶）；叶柄长 2~10.5 厘米，中上部膨大成海绵质气囊。花小，单生于叶腋，有白色花瓣 4 片。果有水平开展的肩角，先端向下弯曲，呈弯牛角形，果表幼皮紫红色，老熟时为紫黑色，微被极短毛；种子白色，元宝形，两角钝，白色粉质。

生长环境：喜光照，在全光照条件下生长旺盛；耐水深，喜肥，尤以丰富的软质底泥为宜；菱一般栽种于温带气候的湿泥地中，如池塘、沼泽地等。

分布区域：原产于欧洲和亚洲的温暖地区；在我国安徽、江苏、湖南、江西、浙江、福建、广东、台湾等地均有栽培。

有较小的沉水叶和浮水叶

错落分布于池塘

生长周期：4 月初开始萌芽，7~9 月为花果期。

食用价值：菱角味甘、涩，性凉，有益气健脾、缓解皮肤病等功效。

观赏价值：植株生长旺盛，叶形奇特、规整，片植于水面，颇为壮观；可与荇菜、睡莲、水金英等搭配应用。

繁殖方式：有性繁殖。播种前做好清理、催芽，再将种子（菱角）直播在水体中。

种植要领：育苗后用特制的竹竿叉子将苗移植入水体中；水深控制在 30~60 厘米，深浅落差可因菱的种类而有差异；基质以营养丰富的软质底泥为好；种植密度为每株 2~3 平方米。

养护管理：菱种植前应施足基肥，作为水生蔬菜，需肥量较集中；发芽后，可施尿素作为速效肥，还可用 2% 磷酸二氢钾进行叶面喷施，以防早衰。入秋后及时清理枯菱的残枝。

花单生于叶腋

野菱果为倒三角形，呈四角

四角菱果呈四角元宝形

耐水深，在池沼中长势旺盛

红菱果具两刺状角，绿色或红色

别名：芡实、鸡头米、鸡头莲　　科属：睡莲科，芡属　　一年生浮叶草本

芡

睡莲科芡属水生草本植物，又被称为“芡实”。芡实一般指芡的果实，也常指芡的种仁，还可指其植物本身。芡的沉水叶为箭形或椭圆肾形，两面无刺；叶柄无刺；浮水叶为革质，椭圆肾形至圆形，盾状，叶柄及花梗粗壮，有硬刺。花内面紫色，外面密生稍弯硬刺；花瓣呈矩圆披针形或披针形，紫红色，成数轮排列，向内渐变成雄蕊。浆果球形，紫红色，外面密生硬刺；种子球形，黑色。

花内面紫色，外面密生稍弯硬刺

浮水叶为革质

生长环境：芡喜温暖、阳光充足的生长环境，不耐寒，不耐旱；适宜在水面不宽阔、水流动性小、水源充足、便于调节水位高低、方便排灌的池塘、水库、湖泊中生长。

分布区域：原产于我国；日本、朝鲜亦有分布。

繁殖方式：有性繁殖。选用饱满、无病虫害的种子，在清明前后，将种子浸泡在水中催芽，待种子露白后再进行播种，起初水位高度在10~13厘米，插种后逐渐加水到15~20厘米。

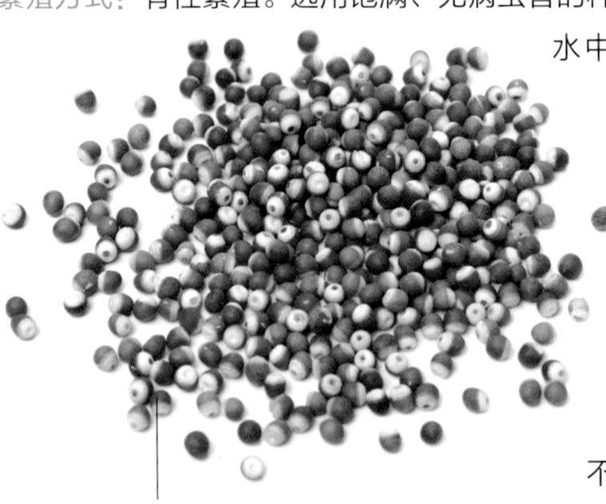

种子又称鸡头米，可食用

观赏价值：叶色浓绿、硕大而别致，可孤植或片植；可与睡莲、王莲等浮叶植物搭配。

养护管理：生长期应及时修剪不健康的叶片及老叶，减少有机物的分解，促进植株生长。

生长周期：4月初萌芽，7~10月为花果期。

种植要领：芡适合种植在相对静止的水体中，基质以营养丰富的软质底泥为好，水体深度在 20~150 厘米，可根据种类对水体的深浅进行调整；种植时间以 5 月下旬到 7 月初为佳；种植密度为每株 4~6 平方米。

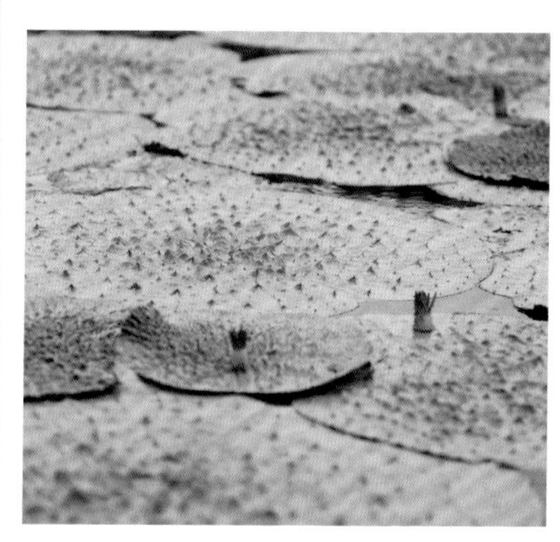

花微挺出水面

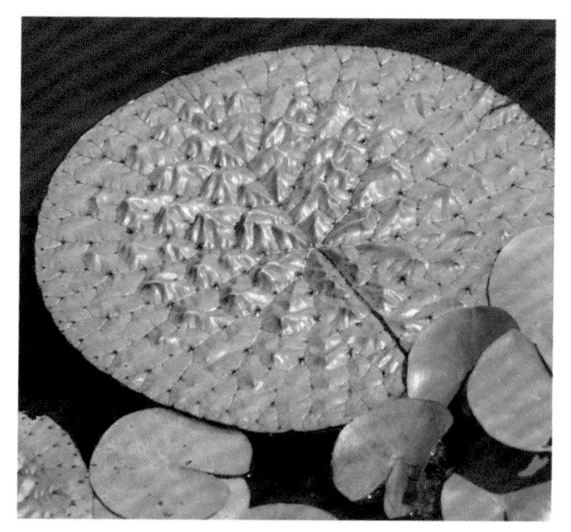

叶椭圆肾形至圆形，盾状

喜丛生

花瓣呈矩圆披针形或披针形，紫红色

适合景观营造

卵叶丁香蓼

全株近无毛，节上生根；茎枝顶端上升。叶为卵形至椭圆形，先端锐尖，基部骤狭成具翅的柄。花单生于茎枝上部叶腋，近无梗；果皮为木栓质，果梗很短；种子为淡褐色至红褐色，椭圆状，两端稍尖，表面有纵横条纹。

生长环境：沉水、挺水、湿生均可，多生长于塘湖边、田边、水沟边、草坡、沼泽湿润处。

分布区域：我国安徽、江苏、浙江、江西、湖南、福建、台湾等地有分布；日本也有分布。

繁殖方式：无性繁殖，以扦插繁殖为主。在植株生长期剪取插穗，插入苗床中，前期水体深度控制在 2~3 厘米，略遮阴，生根后再施肥。

观赏价值：春、秋两季叶片为红色，光鲜可爱，大部分匍匐生长，片植、丛植均可。多用于庭园水体中，种植在水际线附近，水岸两色，别具美感。

片植、丛植均可，多用于庭园水系中，常在水际线上应用

黄花水龙与卵叶丁香蓼同科同属，黄花水龙的花更大，直径在 2 厘米以上

生长周期：2 月底至 4 月初开始萌芽，5~6 月为花果期。

水金英

茎圆柱形，呈海绵质感。叶簇生于茎上，叶片呈卵形至近圆形，有长柄，顶端圆钝，基部心形，全缘；叶背有气囊，叶柄圆柱形，有节状横膈，因此可以浮于水面。伞形花序，小花有长柄，花单生，黄色，有3枚花瓣，花冠呈杯形。蒴果呈披针形，种子细小数多，马蹄形。

生长环境：喜温暖、湿润的生长环境；喜阳光充足，不耐寒；喜营养丰富的软质底泥，在沙质底泥中长势较差；多生于池沼、湖泊、池塘、小溪中。

分布区域：原产于中美洲、南美洲，现我国各地均有栽植。

叶有光泽，长叶柄为圆柱形

花单生，黄色，也有白色花瓣

清新怡人，观赏性佳

花瓣3枚

生长周期：3月中上旬萌芽，花期5~10月。

萍蓬草

花黄色

浮水叶近于圆形

浮叶植物，当水深过浅时则呈挺水状态；水深时，因植株种类和生长情况而定，有时水深近15厘米也呈沉水植物状。花梗呈圆形，有白色的长柔毛；花萼5枚，萼片约1.6厘米长，0.8~1.2厘米宽；花瓣10枚，线形，黄色。

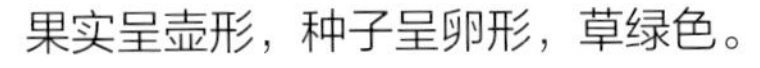

果实呈壶形，种子呈卵形，草绿色。

生长环境：喜温暖、湿润、阳光充足的生长环境；喜肥厌贫，喜基质肥沃，不耐贫瘠，不耐盐碱；在水质清澈的水体中长势良好。

分布区域：我国黑龙江、吉林、河北、江苏、浙江、江西、福建、广东等地有分布；俄罗斯、日本，以及欧洲北部、中部亦有分布。

繁殖方式：有性繁殖和无性繁殖均可。有性繁殖时将种子进行人工催芽，pH值以6.5~7.0为宜，播种后根据苗体的生长状况及时加水、换水，直至幼苗生长出小钱叶（浮叶）时方可移栽。无性繁殖时可用地下茎分株繁殖，在3~4月进行，将带主芽的块茎切成6~8厘米长，侧芽切成3~4厘米长，作为繁殖材料，然后去除黄叶及部分老叶，保留部分不定根进行栽种。

叶片浮于水面

花朵挺出水面

生长周期：2月中下旬开始萌芽，花期为4~10月。

养护管理：萍蓬草生长期容易受蚜虫侵害，可用 1 000~1 200 倍敌百虫、敌敌畏或 50% 的乐果乳剂 200 倍液喷洒。

观赏价值：萍蓬草为观花、观叶植物。可与假山石及池塘组景，亦可作为家庭盆栽植物栽植观赏。作为池塘水景布置时，可与睡莲、荇菜、香蒲等植物配植。

药用价值：根状茎可入药，能健脾胃，有补虚止血、调理神经衰弱的功效。

生态价值：萍蓬草的耐污染能力强，尤其适宜在淤泥深厚的环境中生长，在湖泊环境修复中，可作为先锋植物进行配置和应用。

种植要领：移植可在 4~11 月生长期进行；浮水种植时水体深度在 120 厘米以内，种植密度为每平方米 1~3 头；沉水种植时水体深度在 120 厘米以上，种植密度为每平方米 12~16 头。

萍蓬草在贫瘠、盐碱的水中只发育出沉水叶

片植于小型水系中

喜肥厌贫，在底泥土质肥沃的水中长势良好

生命力极强，在少许水中也能生长开花

睡莲

有热带睡莲和耐寒睡莲之分，它们都有肥厚的根状茎。叶柄为圆柱形，细长；睡莲有二型叶，挺水或浮水叶圆形或卵形，基部具弯缺，心形或箭形；沉水叶薄膜质，脆弱。其中热带睡莲的叶片颜色较深，叶缘呈锯齿状，花通常挺出水面；耐寒睡莲的叶片颜色较浅，全缘。花单生，浮于或挺出水面。果实呈倒卵形。

热带睡莲

生长环境：喜阳光、通风良好的生长环境，在南亚热带地区可周年常绿，终年开花，在中亚热带及以北地区为一年生，多数种类露地无法越冬。

分布区域：主要分布在北非和东南亚热带地区。

繁殖方式：有性繁殖和无性繁殖均可。以无性繁殖为主，利用地下块茎进行分株，植于苗床即可。

药用价值：睡莲的根茎可入药，可作强壮剂、收敛剂，用于调理肾炎。

生长周期：4 月初萌芽，6 月前后陆续开花。

热带睡莲的园艺种类

蓝巨睡莲，花朵巨大，花瓣蓝紫色，叶绿色

澳洲康弘睡莲，叶绿色，花瓣蓝色，雄蕊橙色或褐色

白巨睡莲，叶绿色，初期花瓣白色微带蓝色，后逐渐变为白色

暹罗紫睡莲，跨亚属杂交品种，花中等大小，花瓣呈现通透的蓝紫色

睡莲埃及白

睡莲泰国粉

睡莲印度红

夜色下的睡莲印度红

耐寒睡莲

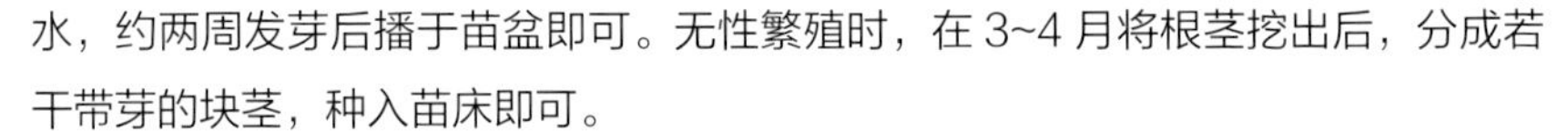

叶片圆形或卵形，浮于水面，颜色较淡

花单生，浮于水面

生长环境：喜阳光充足、温暖潮湿、通风良好的生长环境；有较好的耐寒性，可耐 -20℃的低温；稍耐阴，对土质要求不高，喜富含有机质的壤土；多生长于池沼、湖泊、岸边有树荫的池塘中。

分布区域：世界各地广布。目前广泛栽培的为园艺品种。

繁殖方式：有性繁殖和无性繁殖均可。有性繁殖时，将种子侵入 25~30℃的水中催芽，每天换水，约两周发芽后播于苗盆即可。无性繁殖时，在 3~4 月将根茎挖出后，分成若干带芽的块茎，种入苗床即可。

生态价值：耐寒睡莲的根茎能吸收水中的汞、铅、苯酚等有毒物质，并过滤水中的微生物，是难得的水体净化植物。

观赏价值：耐寒睡莲可池塘片植，也可居室盆栽。大面积种植，长势旺盛时，景色壮观。可与莲、王莲、芡等水生植物搭配，构成色彩和层次多样的水景效果；盆栽可摆放于建筑物、雕塑、假山前，用以点缀、美化环境。

耐寒睡莲的园艺种类

诱惑，叶圆形，幼叶暗红色，成叶为绿色；花淡紫红色；花浮于水面，耐深水

宽瓣白，花纯白色，瓣幅宽厚；幼叶浅绿褐色，成叶绿色；耐深水

生长周期：2 月底至 3 月初萌芽，花期为 4~9 月。

粉牡丹，花粉色，中花型；花蕾圆桃形；幼叶紫红，成叶绿色，叶两侧暗红

得克萨斯，花黄色，大花型；花蕾长桃形；叶面绿色，叶背暗紫，带紫斑

佛琴纳莉斯，花白色，基部稍带红晕，略有香气；花瓣稍长；花浮于水面，耐深水

玛珊姑娘，花初开时为淡红色，翌日深玫瑰红色，以后逐步加深至紫红色；花瓣 30 枚左右；耐深水

墨西哥黄睡莲，花鲜黄色，直径 10~14 厘米；花瓣 26~30 枚

克罗马蒂拉，花淡黄色；花径 14~15 厘米

别名：无　　科属：睡莲科，王莲属　　一年生或多年生浮叶草本

王莲

花很大，单生，浮于水面

叶片巨大，叶缘上翘呈盘状，叶片圆形，浮在水面

丛生，根状茎短，有须根。秆稍坚挺，呈圆柱状，少数近于有棱角；鞘的开口处为斜截形，顶端急尖或圆形，边缘为干膜质。小坚果呈宽倒卵形，或倒卵形，平凸状，稍皱缩，成熟时黑褐色，有光泽。我国仅在海南及云南部分地区为多年生，其余地区为一年生。

生长环境：喜高温高湿，不耐寒，气温降到 20℃时生长停滞。王莲喜肥沃深厚的污泥，但不喜水过深，多生于河湾、湖畔水域中。

分布区域：原产于巴拉圭及阿根廷地区，现我国各地均有栽培。

繁殖方式：有性繁殖。通常在 2 月下旬至 3 月下旬开始加温浸种催芽，水温宜控制在 30~33℃；播种后经过针叶、戟叶和浮叶，此过程 40~60 天，叶径在 20 厘米以上才可出圃。

食用价值：王莲的果实富含淀粉，可食用，素有“水玉米”之称。

花色有红色，有白色，还有粉色的

花瓣数目很多，呈倒卵形

生长周期：4 月初萌芽，花期为 6~10 月，遇霜死亡。

观赏价值：王莲是园林水景中重要的观赏植物之一，在大型水体中片植成群体，气势恢宏；若与莲花、睡莲等水生植物搭配，可以创造出别致的水体景观。

养护管理：种植初期应预防虫害威胁；盛花期保证肥力充足；植株枯死后应及时清理干枯的残枝枯叶，避免其污染水源。

科鲁兹王莲的叶子背面和叶柄有许多坚硬的刺，叶脉为放射网状

尚未完全展开的亚马孙王莲叶子

长木杂交种王莲叶片巨大，往往能布满整个池塘

亚马孙王莲叶缘微翘，叶片呈微红色，叶脉为红铜色

科鲁兹王莲叶片为深绿色，与亚马孙王莲微红的叶片有明显区别

别名：莕菜、水荷叶、凫葵　**科属：**睡菜科，荇菜属　多年生浮叶草本

荇菜

其枝条有二型，长枝匍匐于水底，如横走茎；短枝从长枝的节处长出。圆柱形，多分枝，沉于水中，地下茎生于水底泥中，匍匐状。叶漂浮于水面，呈卵形，近革质，基部为心形，全缘或微波状，上面亮绿色，下面带紫色。花序为伞形，簇生于叶腋；花黄色，直径 1.8 厘米左右，花冠 5 深裂，边缘呈流苏状。蒴果呈长椭圆形；种子多数，呈宽卵圆形，稍扁，边缘有纤毛，褐色。

花黄色，挺出水面

叶浮于水面，呈卵状圆形

生长环境：喜温暖湿润的生长环境，有一定的抗寒性，在我国浙江以南地区可常绿；喜多腐殖质的微酸性至中性的底泥和富营养的水域，土壤 pH 值以 5.5~7.0 为宜；多生于池沼、湖泊、沟渠、稻田、河流或河口的平稳水域。

绿色披针形苞片

分布区域：原产于中国，分布广泛；现从温带的欧洲诸国到亚洲的印度、日本、朝鲜、韩国等地均有分布。

繁殖方式：果实成熟后，会自行开裂，种子能借助水流传播，自繁能力强。无性繁殖以扦插繁殖为主，可于生长期进行，把茎分成段，每段 2~4 节，荇菜的茎都可生根，将其埋入泥土中或扦于浅水中，2 周后便能生根。

药用价值：全草可入药，具有清热利尿、消肿解毒的功效。

生长周期：2~3 月开始返青，5~10 月为花果期。

食用价值：荇菜的茎、叶柔嫩多汁，无毒，无异味，富含营养，既是一种美味的野菜，又能做饲料，供猪、鸭、鹅、草鱼等食用。

观赏价值：荇菜叶片形似睡莲，小巧别致，鲜黄色花朵挺出水面，花多，花期长。可片植、丛植，适用于庭院水景点缀，也可用于湿地公园的水面绿化。

睡莲与荇菜群落，大面积片植，常见于湿地公园

盛花期，大面积片植的荇菜看上去十分壮观

荇菜也常与挺水植物共植

荇菜小面积片植，常用于狭窄水面的绿化

金银莲花

浮水叶呈宽卵圆形或近圆形，全缘

白色花，腹面密生流苏状长柔毛

茎为圆柱形，不分枝，形似叶柄。顶生单叶，漂浮于水面，近革质，呈宽卵圆形或近圆形，下面密生腺体，基部心形，全缘；掌状叶脉不明显；叶柄短，圆柱形。花多数，簇生于节上；花梗细弱，圆柱形，不等长；花萼分裂至近基部，裂片长椭圆形至披针形，先端钝，脉不明显；花冠白色，基部黄色，分裂至近基部，冠筒短，裂片呈卵状椭圆形，先端钝，腹面密生流苏状长柔毛。蒴果呈椭圆形。

圆柱形的短叶柄

生长环境：喜温湿的气候环境，对生长环境酸碱适应范围较广；多生长于湖塘、河溪、沼泽中。

分布区域：我国东北、华东、华南等地有分布。

花萼分裂至近基部，裂片呈长椭圆形至披针形

花单生，挺出水面

生长周期：3 月中旬至 4 月初萌芽，花果期为 6~12 月。

繁殖方式：无性繁殖为主，多采用分株和扦插法进行繁殖。分株时，可于每年 3 月将生长较密的株丛分割成小丛栽植；扦插繁殖的成活率较高，利用其茎节可生根的特点，在生长期取枝 2~4 节，扦于浅水中，2 周后生根。

生态价值：对水体中的氮、磷有较高的富集力，是净化水质、美化水面的先锋植物。

观赏价值：金银莲花叶似睡莲，花白如雪，花齿绒毛状，显得十分幼小娇柔，片植或丛植均能给人带来“景有尽而意无穷”的美感，宜置于亭廊、水榭、岸边，亦可孤植于容器中，作为盆栽观赏。

园艺种类：（1）水皮莲。茎圆柱形，不分枝；叶漂浮于水面，近革质，呈宽卵圆形或近圆形。

（2）水金莲花，又称金莲花。茎伸长，节下不生根；叶圆形，基部深心形，下面紫色；花冠边缘有绒毛；蒴果近圆球形，表面有细网纹。

水皮莲

水金莲花

水金莲花花冠边缘的绒毛

莩艾状水龙

有多数须状根，全株无毛。叶为长圆形或倒卵状长圆形，先端常锐尖或渐尖，基部狭楔形，有侧脉 7~11 对；有叶柄，托叶明显，为卵形或鳞片状。花单生于上部叶腋；花瓣 5 枚，鲜金黄色，基部常有深色斑点，呈倒卵形，先端钝圆或微凹，基部宽楔形。蒴果，果期为 8~10 月。

生长环境：喜温暖湿润的气候环境，可作浮水、挺水植物，多生于池塘、水田、沟渠、湖泊浅水区域。

分布区域：我国安徽、江西、浙江、广东、福建及台湾等地均有分布。

生态价值：对污染严重的水体有较高的修复能力，适合作为先锋植物对污染严重的富营养化水体进行前期的修复治理。

繁殖方式：无性繁殖为主。在生长期挖出根茎，按节分段，保证每段插穗有 1~2 节，分段后将插穗插入苗床即可。

观赏价值：莩艾状水龙花色艳丽，叶色碧绿，可作为挺水植物种植于水际线附近，与梭鱼草、象耳草、千屈菜等水生植物相配；亦能在水深梯度作为浮叶植物美化水面，可搭配王莲、睡莲、水金英等水生植物。

处于花期的莩艾状水龙

生长周期：2 月底至 3 月初开始萌芽，花期为 5 月中旬至 10 月中旬。

鲜金黄色的花有 5 枚花瓣

叶脉明显，有侧脉 7~11 对

多作为浮水挺水植物配置，多种植于岸边

水马齿

茎生叶无柄，
呈匙形或线形

株高 30~40 厘米，茎纤细，有较多分枝。叶互生，密集生于茎顶，呈莲座状，浮于水面，倒卵形或倒卵状匙形，先端圆形或微钝，基部渐狭，两面疏生褐色细小斑点；茎生叶呈匙形或线形，无柄。花单性，单生于叶腋。

生长环境：生长适应性强，在深水区为沉水状态，浅水区有沉水叶和浮水叶；生长初期只有沉水叶，在潮湿地和浅水区也会呈挺水状态。

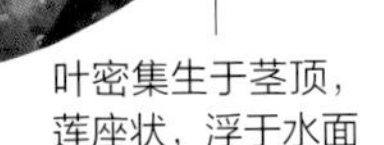

分布区域：我国东北、华东、西南等地有分布；欧洲、北美洲和亚洲温带地区亦有分布。

观赏价值：茎叶细弱，小巧可爱，适宜种植在小型水系景观中近距离观赏；也适宜在水族箱中养殖。

药用价值：全草可入药，具有清热解毒、利尿消肿等功效。

繁殖方式：扦插繁殖。生长期直接扦插于容器中即可。

养护管理：茎细弱，养护管理时要保持水体清澈，透明度不能低于 60 厘米，防止食草鱼类牧食。

较耐阴，喜凉畏热

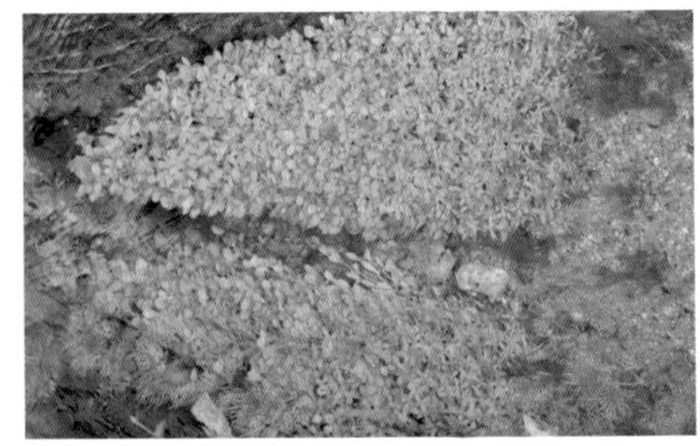

茎叶娇小，玲珑可爱

生长周期：2 月底至 3 月初萌芽，4~10 月为花果期。

第三章

浮水植物

浮水植物随水流移动，生长空间向四周扩展，往往能占据较大的空间，利用光能的效率也高，如果水体营养能跟上，则生长迅速。其叶有的平展于水面，如满江红；有的呈莲座状，如大薸。

别名：红苹、紫藻、红浮萍、三角藻　　科属：槐叶蘋科，满江红属　　多年生浮水草本

满江红

浮水叶，肉质

叶片幼时为绿色，秋后变成红色

根状茎细弱，横卧，呈羽状分枝，须根下垂至水中。肉质叶，互生，细小如鳞片，在茎上排列成两行；叶片深裂成两瓣，上瓣为肉质，浮在水面上，幼时为绿色，秋后变成红色，可进行光合作用；下瓣为膜质，斜生在水中，没有色素；孢子囊果成对生于分枝基部的沉水叶片上。

生长环境：喜温热气候，忌强光直射，有一定的耐寒性；生长适应性强，极易形成单一优势种，也常与鱼腥藻共生，常生于稻田、内湖、池塘、水库等地。

分布区域：在我国山东、河南以南等地区均有分布；朝鲜、日本亦有分布。

繁殖方式：有性繁殖和无性繁殖均可。其中以无性繁殖的应用率较高，无性繁殖可通过营养体的侧枝自我断离的方式完成繁殖，也可通过主体上生出的侧芽自我断裂完成，均无须人工操作。

生态价值：不仅是优质绿肥和鱼类、禽畜饲草，还是优良的水生固氮植物，亦有降低水体矿化度、调节水体酸碱度、净化水体的作用。

叶片深裂成两瓣，上瓣为肉质，浮在水面上

满江红与藻类群落，似乎给水域铺上了一层彩色的地毯，分外别致

生长周期：4~5 月孢子体萌发，10 月前后孢子囊成熟。

园艺种类：（1）细叶满江红。植株粗壮，侧枝腋外生出，侧枝数目比茎叶的少；夏、秋两季可分两次生产孢子果，产量高；生长适应性强，多生长于水田中，有较好的耐寒性。

（2）多果满江红。孢子果的产量大，多分布在山东南部及河南地区。

（3）常绿满江红。不受季节温度变化而改变颜色，叶片四季常绿，主要分布在南亚热带地区。

（4）日本满江红。根状茎细长横走，侧枝腋外生，主茎和分枝的区别明显，假二歧分枝，向下生须根；多生于水田和静水沟渠和池塘中。

满江红群落，在早春、夏季和秋季呈紫红色，真正的满江皆红

常绿满江红四季绿色，不带红色，分布于南亚热带地区

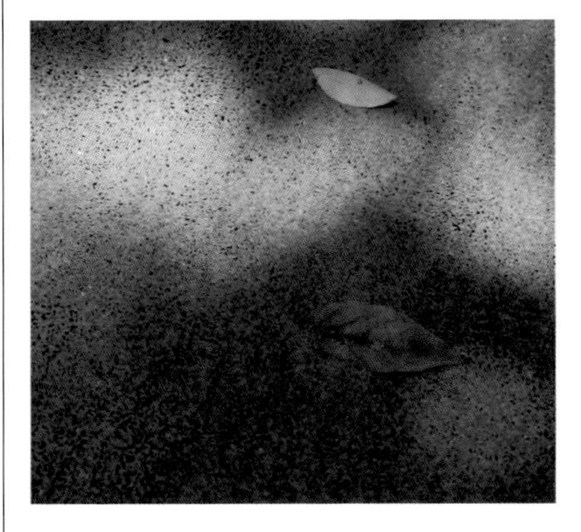

细叶满江红抗寒性强，植株粗壮

日本满江红更适合用于家庭园艺

槐叶蘋

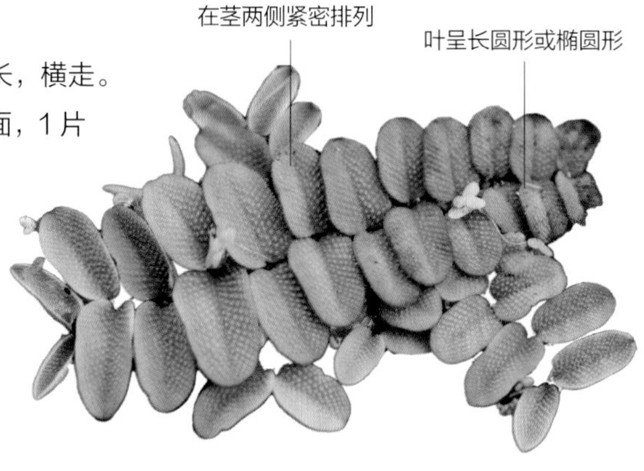

无根型浮水植物，茎细长，横走。叶为 3 片轮生，2 片漂浮水面，1 片细裂如丝，在水中形成假根，密生有节的粗毛，浮水叶在茎两侧紧密排列，形如槐叶，呈长圆形或椭圆形，先端圆钝头，基部为圆形或略呈心形。孢子果有 4~8 颗，聚生于水下叶的基部。

生长环境：喜热耐寒，喜肥，在营养丰富的水体中长势良好；多生于水田、水沟、池塘和溪河内，尤其喜欢生长在温暖、无污染的静水水域中。

分布区域：我国大部分地区均有分布；在北温带地区亦有分布。

繁殖方式：具有断体繁殖功能，其茎断后可发育成新植株，在生长旺盛季可用此法进行繁殖。

生态价值：对镉具有较高的富集作用，可作为治理镉污染水体的先锋植物。

药用价值：全草可入药，味苦，性平，有清热解毒、消肿止痛的功效。

孢子果聚生于水下叶的基部

根近退化

生长周期：4~5 月孢子体萌发，10 月前后孢子囊成熟。

常与同为浮水植物的满江红、浮萍等组成群落，互为优势种和伴生种

槐叶蘋在富含营养的水体中长势良好，在营养贫瘠的水中则长势不良

槐叶蘋与香菇草配置，叶面大小错落有致，较有观赏价值

蜂巢槐叶蘋，次生叶大而厚，呈折合状，孢子囊果呈卵形，串状

别名：水白菜　科属：天南星科，大薸属　一年生或多年生浮水草本

大薸

叶簇生，呈莲座状

长而悬垂的根

有长而悬垂的根，须根密集呈羽状。叶簇生，呈莲座状，叶片因发育阶段不同而形异，通常为倒三角形、倒卵形、扇形，也有倒卵状长楔形，先端截头或浑圆，基部较厚，两面被毛；叶脉呈扇状伸展，背面隆起呈折皱状。佛焰苞为白色，外被绒毛，下部呈管状，上部张开；肉穗花序背面 2/3 与佛焰苞合生，有雄花 2~8 朵生于上部，雌花则单生于下部。

生长环境：喜高温湿润的气候环境，有较高的耐寒性，喜肥厌贫，在富营养水体中长势良好；生长适应性强，繁殖力强，多生于河流、湖泊、池塘、沟渠等处。

分布区域：在我国主要分布在湖南、湖北、四川、福建、江苏、浙江、安徽等地。

繁殖方式：以无性繁殖为主。大薸的腋芽芽轴生出的匍匐茎先端可长出新植株，可用其这一特点进行繁殖。

观赏价值：可孤植在庭院的置石旁或小型水境中；也可片植于大型水境中，与荇菜、睡莲、芡等水生植物搭配。可与黄菖蒲、千屈菜、水葱、再力花、梭鱼草等植物相配。

叶片因发育阶段不同而形状不同，通常为倒三角形、倒卵形、扇形

生长周期：4~5 月开始萌芽，6~10 月进入花果期。

须根密集呈羽状

大薸与槐叶蘋相配，水面景观错落有致

大薸常与睡莲等相配，水面看上去纷繁错落，别有一番情趣

片植大薸，生长繁殖速度惊人，在28℃左右繁殖最快，2~3天其数量就能翻倍

大薸多生于河流、湖泊、池塘、沟渠等处

大薸与挺水植物共植，能收到良好的造景效果

别名：紫背浮萍　科属：天南星科，紫萍属　多年生浮水微小草本

紫萍

退化型根　叶状体扁平，呈阔倒卵形

叶状体扁平，呈阔倒卵形，长 5~8 毫米，宽 4~6 毫米，先端钝圆，表面绿色，背面紫色，有掌状脉 5~11 条，背面中央生 5~11 条白绿色的根；在根基附近的一侧囊内形成圆形的新芽，萌发后从囊内浮出。有肉穗花序，2 朵雄花和 1 朵雌花。

生长环境：多生于水田、沼泽、湖湾、水沟中，常与浮萍形成覆盖水面的漂浮植物群落。

分布区域：世界各地均有分布。

繁殖方式：叶状体两侧出芽，可形成新的个体，繁殖时只需将母本放入圃地水体中即可。

种植要领：种植密度以覆盖水面 50% 即可；在其生长季均可进行种植；水体环境的 pH 值以 6.0~8.5 为宜。

养护管理：水位管理，水深控制在 1.0~1.5 米为佳。防止水禽、家禽和鱼类牧食。

药用价值：全草可入药，有发汗、利尿的功效，可治感冒发热、斑疹不透、水肿、小便不利、皮肤湿热等症。

观赏价值：植株娇小，可用于水生盆栽近距离观赏，也可用于中小型水体景观中美化水面。

生态价值：适合在水面圈养，能去除水中的氮、磷等元素。

生长周期：3 月初开始萌芽，4~10 月为生长繁殖旺盛期。

浮萍随水流传播，形成广泛分布，在其分布区很难找到没有浮萍的水域

紫萍与金银莲花共植，叶片大小不一，带来较佳的观赏效果

紫萍植株娇小，青翠可爱，小水体景观中可以适量应用

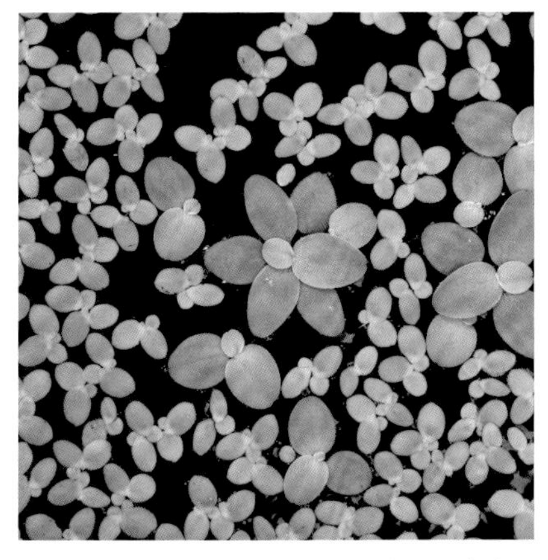

紫萍常与浮萍混生，大面积覆盖水面，当水质不佳时，浮萍会少一些，因为紫萍的耐受力更强一些

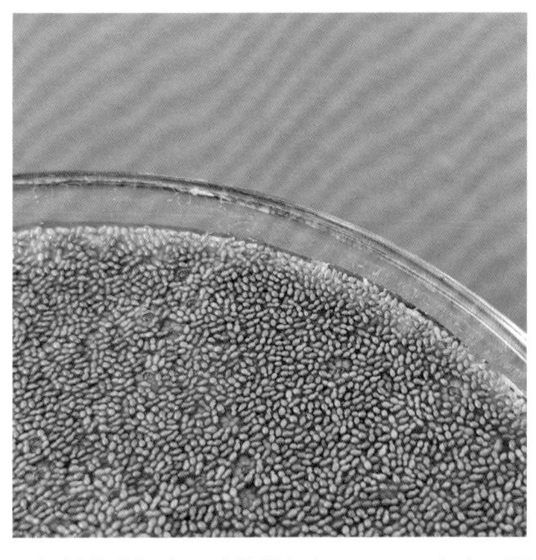

无根萍非常细小，叶状体长仅 1.3~1.5 毫米，常用于微型盆栽

凤眼莲

叶为圆形、宽卵形或宽菱形，全缘

叶柄膨大成气囊

须根发达，呈棕黑色。茎短，有淡绿色或带紫色的匍匐枝。叶为圆形、宽卵形或宽菱形，顶端钝圆或微尖，基部宽楔形或幼时为浅心形，全缘，有弧形脉，表面深绿色，两边微向上卷，顶部略向下翻卷。花葶有多棱，从叶柄基部的鞘状苞片腋内伸出；9~12 朵花排列成穗状花序；花被裂片 6 枚，紫蓝色的花瓣呈卵形、长圆形或倒卵形，花冠略向两侧对称，四周为淡紫红色，中间蓝色，在蓝色的中央有 1 个黄色圆斑。蒴果呈卵形。

生长环境：喜温暖湿润、阳光充足的生长环境；生长适应性很强，有较好的耐寒性，忌高温。

分布区域：原产于巴西，现我国长江流域、黄河流域各地区广泛分布。

繁殖方式：有性繁殖和无性繁殖均可。以无性繁殖为主，用其茎上侧生的匍匐枝作为繁殖体，只需将其投入圃地水域中即能自然繁殖。

观赏价值：茎极短，叶片油绿光亮，花色浅蓝，花形奇特，花期长，有“水中风信子”之称。可孤植，亦可丛植，也可点缀于容器中做室内装饰。

须根发达，呈棕黑色

9~12 朵花排列成穗状花序

生长周期：4 月初至 5 月初开始萌芽，6~10 月为花果期。

花葶有多棱，从叶柄基部的鞘状苞片腋内伸出

在南亚热带及以南地区常绿，中亚热带及以北地区则一年生

株形奇特，叶片油绿光亮，喜肥厌贫

花朵艳丽，花期长，有“水中风信子”之称

在富营养化的水体中长势旺盛，繁殖快，短期就能覆盖整个水面，具有极强的侵占性

可以孤植，也可以丛植，还能点缀于容器中，是观赏价值较高的浮水植物

水鳖

有匍匐茎和须根。叶簇生，多数漂浮，有时伸出水面；叶为圆状心形或近肾形，全缘，叶面深绿色，叶背略带紫色并具有宽卵形的泡状贮气组织。花少，白色，有3枚花瓣，呈广倒卵形或圆形，中间花蕊为黄色。浆果为球形至倒卵形，内有许多椭圆形的种子。

叶多数漂浮，有时伸出水面

花白色，有3枚花瓣

生长环境：喜光也耐阴，喜温暖环境，在全光照的条件下长势旺盛；喜肥厌贫，喜中性水体，喜相对静止的水体，多生于河溪、沟渠中。

分布区域：我国华东、华中、华南、西南、华北及东北地区均有分布，亚洲南部及大洋洲亦有分布。

繁殖方式：以无性繁殖为主。将匍匐茎切断，插入圃地中即可，当长出新株后，再移植入小池中生长。

药用价值：是一种传统中药材，全草可入药，有清热利湿的功效。

水鳖群落

匍匐茎

生长周期：生长期在春、夏季，花果期为8~10月。

第四章

沉水植物

沉水植物的根茎生于泥中，整个植株沉入水中，有发达的通气组织，用来进行气体交换。叶多为狭长或丝状，能吸收水中的部分养分，即使在水中弱光的条件下也能正常生长发育。对水质有一定的要求，水质浑浊会影响植物的光合作用。花小、花期短、以观叶为主是沉水植物最明显的特点。常见沉水植物有黑藻、金鱼藻、竹叶眼子菜、苦草、菹草等。

伊乐藻

叶多为轮生，无柄

茎为圆柱形，质地较脆

茎为圆柱形，质地较脆。叶茎生，无柄，多为轮生，下弯，叶片为线形，有紫红色或黑色小斑点，先端锐尖，边缘锯齿明显。花序单生，无花梗；佛焰苞近球形，绿色，表面有明显的纵棱纹，顶端生有刺凸；雄花萼片为白色，稍反卷，反折后开展；花丝纤细，花药线形，花粉粒球形，雄花成熟后自佛焰苞内放出，漂浮于水面开花。

生长环境：适应力极强，具有耐寒性，温度在5℃以上即可生长，只要水上无冰即可栽培，冬季能以营养体越冬。

分布区域：原产于美洲，现在我国长江中下游的虾、蟹产区广泛种植。

繁殖方式：用断枝可自然繁殖，伊乐藻的断枝随水漂流，长出不定根后缓慢下沉，根着土后开始迅速长成新植株。

生态价值：伊乐藻在光合作用的过程中放出大量的氧，可吸收水中不断产生的有害氨态氮、二氧化碳，能较好地稳定酸碱度，增加水体的透明度，有利于促进虾、蟹蜕壳，提高饲料利用率，改善水产品质。

线形叶

叶为茎生

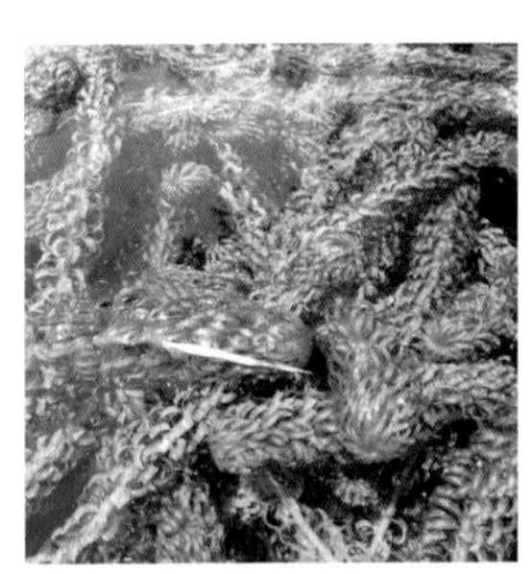
可改善水质

生长周期：入春后，水温升至5℃以上开始萌芽，3~5月植株生长旺盛。

大茨藻

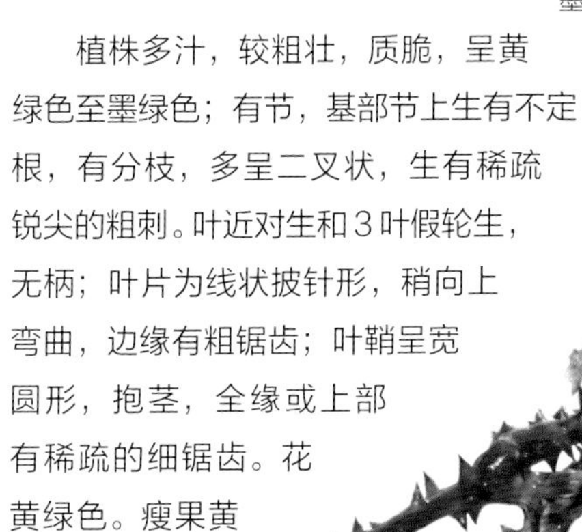

植株多汁，较粗壮，质脆，呈黄绿色至墨绿色；有节，基部节上生有不定根，有分枝，多呈二叉状，生有稀疏锐尖的粗刺。叶近对生和3叶假轮生，无柄；叶片为线状披针形，稍向上弯曲，边缘有粗锯齿；叶鞘呈宽圆形，抱茎，全缘或上部有稀疏的细锯齿。花黄绿色。瘦果黄褐色，椭圆形或倒卵状椭圆形。

生长环境：生长适应性强，常呈单一种群分布；多生于池塘、湖泊和缓流河水中。

分布区域：我国华东及长江以北各地均有分布，在朝鲜、日本、马来西亚、印度等国及欧洲、非洲和北美洲等地亦有分布。

繁殖方式：有性繁殖和无性繁殖均可。

观赏价值：比较适合丛植或孤植于水族箱内，其叶色青翠，光泽鲜亮，十分适宜近距离观赏。

小茨藻

常作为水族箱背景装饰

生长周期：4月底至5月初开始萌芽，6~9月为植株生长旺盛期。

别名：水车前、水带菜、水芥菜　　科属：水鳖科，水车前属　　一年生或多年生沉水草本

龙舌草

沉水叶为狭矩圆形

茎极短或近无茎。叶聚生于基部，叶形多变，一般沉水叶为狭矩圆形，浮水叶为阔卵圆形。花两性，多数为白色，少数为浅蓝色。

生长环境：性喜强光、通风良好的环境；喜静水或水流缓慢的水体环境；多生于水田、沟渠、河流、池塘和湖泊中。

分布区域：我国云南、四川、广西、广东、湖南、湖北、江西、福建、浙江、安徽、江苏、河南等地均有分布，印度、澳大利亚等地亦有分布。

繁殖方式：有性繁殖为主。4 月初播种，播种初期苗床水深在 3~5 厘米，随幼苗逐渐生长，再提高水位。

生态价值：龙舌草对水中的铜、铅、锌等重金属有一定的富集作用，是构建及修复水下世界的先锋植物。

中华萍蓬草和龙舌草群落

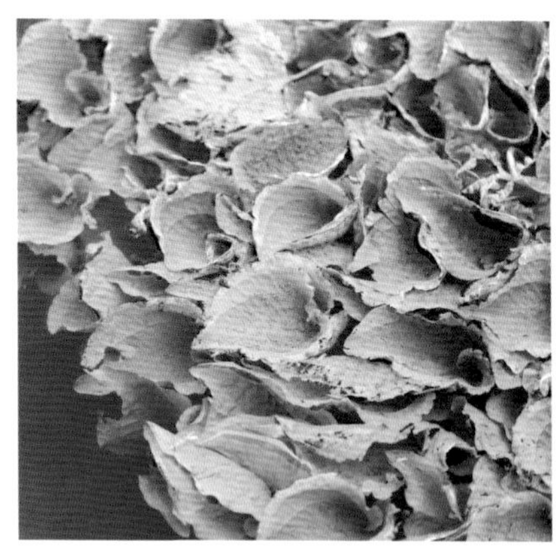

叶挺出水面之前，呈卷曲状

生长周期：4~5 月种子开始发芽，7~11 月为花果期。

水盾草

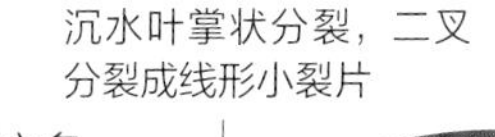

茎长可达 1.5 米左右，分枝较多，幼嫩部分有短柔毛。沉水叶对生，掌状分裂，二叉分裂成线形小裂片；浮水叶较少，为狭椭圆形，边全缘或基部 2 浅裂。花单生在枝上部，常居于沉水叶或浮水叶的叶腋；花梗被短柔毛；萼片浅绿色，椭圆形；花瓣绿白色，与萼片近等长或稍大。

生长环境：喜温暖，怕寒冷，喜光，对光照适应性强；在 12 ~ 25℃的温度范围内生长良好，越冬温度不宜低于 4℃；多生于平原水网地带的河流、湖泊、运河和渠道中。

分布区域：原产于南美洲，在我国江苏、上海、浙江、山东、北京等地均有分布。

繁殖方式：繁殖能力强，每个节位在适宜的条件下均能发育成完整的植株。

观赏价值：叶形雅致美观，可孤植，也可与黑藻、苦草、菹草等混植，在水族箱中应用较多，也可用于大型水体绿化。

成群落生长时需要防止其蔓延成灾

常置于水族箱中，作为观赏植物

生长周期：3~4 月开始萌芽，7 ~ 10 月为花期。

石龙尾

沉水的茎无毛或近无毛

沉水叶多裂，裂片细而扁平或毛发状

茎细长，沉水部分无毛或近无毛；气生部分长 6~40 厘米，略有分枝，被多细胞短柔毛，少数无毛。沉水叶长 5~35 毫米，多裂；裂片细而扁平或呈毛发状；气生叶全部轮生，椭圆状披针形，有圆齿或开裂，密被腺点。花无梗或少数有短梗，单生于气生茎和沉水茎的叶腋；花冠紫蓝色或粉红色。蒴果近球形，两侧略扁。

生长环境：生长缓慢，对铁肥需求明显，喜光，在光照充足的环境中长势极好；多生于水塘、沼泽、水田或路旁、沟边等湿处。

分布区域：在我国主要分布在广东、广西、福建、江西、湖南、四川、云南、贵州、浙江、江苏、安徽、河南、辽宁等地，朝鲜、日本、印度、尼泊尔、不丹、越南、马来西亚及印度尼西亚等国亦有分布。

繁殖方式：以无性繁殖为主，其中扦插和分株两种繁殖方式较为简便。扦插多于夏季，剪取 12~15 厘米的顶端茎插入沙床中，水温保持在 20~25℃，约 2 周便可生根。分株法在春季萌芽前进行，切取地下茎的侧芽进行栽种繁殖。

蒴果近球形，两侧略扁

路旁的石龙尾

生长周期：3~4 月开始萌芽，6 月始花，花果期可持续至 11 月。

野生状态下的石龙尾

浅水处，石龙尾常挺水生长

丛植或片植均可

石龙尾的挺水叶

穗状狐尾藻

根状茎发达，节部生根。茎圆柱形，多分枝。叶对生、互生或轮生，为线形至卵形，全缘或为羽状分裂；全株几乎都为沉水叶，披针形，较强壮，鲜绿色。花小无柄，生于叶腋，或呈穗状花序，花单性，雌雄同株或异株，或杂性株。

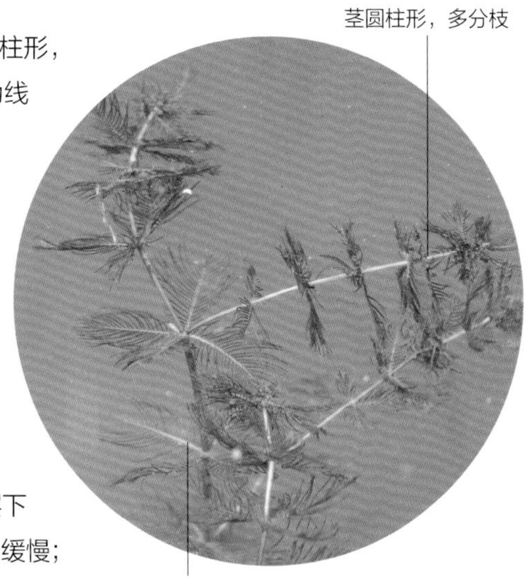

茎圆柱形，多分枝

叶为线形至卵形，全缘或为羽状分裂

生长环境：喜温暖湿润、阳光充足的气候环境，夏季生长旺盛；耐低温，北方地区入冬后，在冰层下仍能保持常绿；南方地区冬季生长缓慢；在微碱性的土壤中生长良好。常见于池塘、河沟、沼泽中。

分布区域：在我国黑龙江、吉林、河北、安徽、江苏、浙江、广东、广西、台湾等地均有分布；俄罗斯、日本等国亦有分布。

繁殖方式：以无性繁殖为主，扦插在每年 4 ~ 8 月进行，选择长 20 ~ 30 厘米的茎尖作为插穗。也可采用分株法进行育苗，在 pH 值为 7.0~8.0 的淡水中进行栽培，水体最好有一定的流动性。

穗状花序，花小无柄

种植要领：起苗后用移植法来移栽，基质以软质和沙质底泥为宜，水体透明度为 40 厘米左右；种植密度为每平方米6~9丛。

观赏价值：叶片纤细，在水体中视感飘逸，是装饰水族箱的理想材料，丛植或孤植均可。

生长周期：3~4 月开始萌芽，4~9 月为花果期。

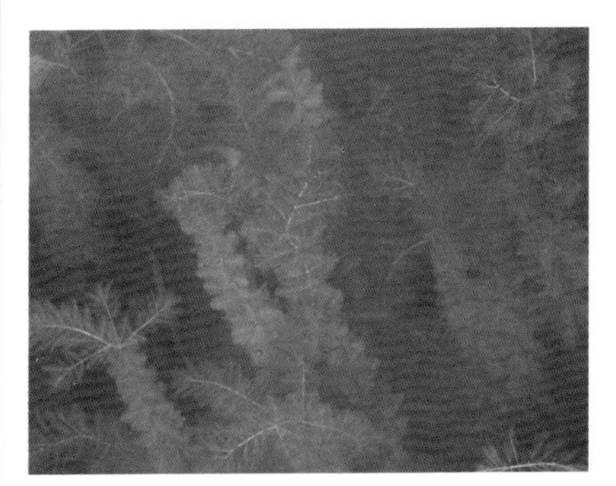

耐寒性强，冬季以营养体越冬

同科同属的粉绿狐尾藻，茎长 1~2 米

对其他藻类有抑制作用，其适应性强，抗污染能力也强

有时呈单一种群或优势种分布，常出现在废弃的鱼塘中

顶梢常常呈红色

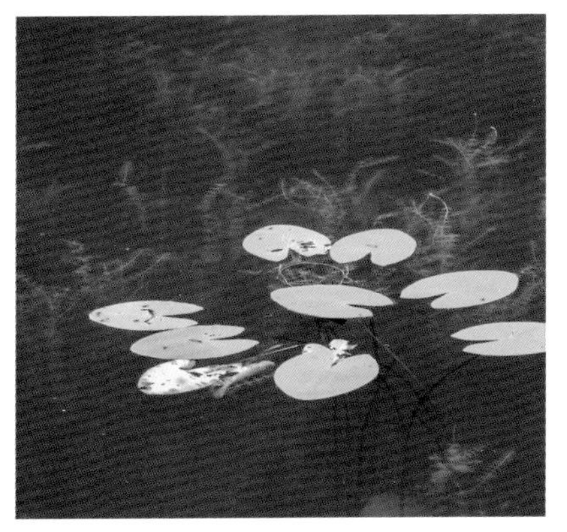

常野生于鱼塘中，与苦草、黑藻等伴生

别名：鱼刺草　　科属：狸藻科，狸藻属　　多年生沉水草本

南方狸藻

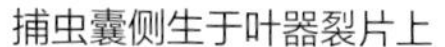

有 2~4 枚假根，生于花序梗基部上方，丝状，有短的总状分枝；匍匐枝为圆柱形。叶器互生；有捕虫囊多数，侧生于叶器裂片上，斜卵球形，侧扁，有短柄；口侧生，边缘疏生小刚毛，上唇有 2 条不分枝或分枝的刚毛状附属物，下唇无附属物。秋季于匍匐枝及其分枝的顶端生冬芽，冬芽为球形或卵球形，密生小刚毛。

生长环境：为漂浮型沉水植物，常与其他水生植物组成共生群体，适应性强，多生于水田、浅水池塘等处。

分布区域：分布于我国华东、中南、华南和西南等地，东南亚和非洲等地亦有分布。

繁殖方式：以无性繁殖为主，可在生长季用断枝进行繁殖，也可采取越冬芽繁殖。

种植要领：可用越冬芽直接种植，也可用移植法定植幼苗；种植密度为每平方米 20~30 株，在植株整个生长期均可进行；水体深度控制在 1 米以内，以相对静止、水流缓慢的水体为宜。

花顶生，黄色

捕虫囊

生长周期：3~4 月开始萌芽，7~11 月进入花果期。

观赏价值：植株沉于水下，花挺出水面，片植、丛植均可。适合种植在静止的水系中，浅水处可与金鱼藻、小茨藻等混植；水深梯度可与睡莲等浮叶植物配置，点缀在睡莲叶片间，别有一番美感。

水田、浅水池塘处多见，常与其他水生植物共同组成群落

常作为水族箱背景草

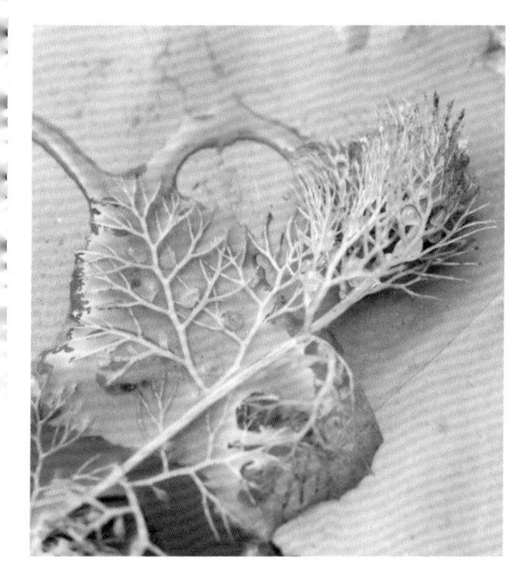

常片植于静置景观水体浅水处，可与睡莲等浮叶植物混植

同科同属的黄花狸藻无越冬芽孢，花序梗无鳞片

金鱼藻

茎长 40~150 厘米，有分枝。叶为 4~12 枚轮生，有 1~2 次二叉状分枝，裂片丝状，或丝状条形，先端带白色软骨质，边缘仅一侧有数细齿。花直径约 2 毫米；苞片条形，浅绿色，先端有 3 齿，带紫色毛；有雄蕊 10~16 枚，微密集。坚果呈宽椭圆形，黑色。金鱼藻没有真正的根系，只有假根。

生长环境：性喜热也耐寒，在冬季 -2℃以上地区能以营养体自然越冬；耐污性较强，常群生于淡水池塘、水沟、小河及水库中。

分布区域：在我国东北、华北、华东等地均有分布；蒙古、朝鲜、日本、马来西亚、俄罗斯及其他一些欧洲国家亦有分布。

繁殖方式：可通过断枝和芽孢完成繁殖。金鱼藻的断枝生根后逐渐下沉至水底着根，生成新植株，成活系数高。也可用芽孢繁殖，春季芽孢和腋芽开始生长，并产生不定根和新芽。

叶的裂片为丝状或丝状条形

种植要领：种植密度为每平方米 16~49 丛；在中度富氧化及贫营养化水体中均可种植，喜相对静止的水体，pH 值以 6.0~9.0 为宜。

养护管理：水域不能过深，生长期需注意水位管理，1 米之内为佳。

生长周期：2 月下旬至 3 月初开始萌芽，5 ~ 9 月为花果期。

观赏价值：适宜种植在小型静止水体中，也适合种植于水族箱中。

金鱼藻造景

野外的金鱼藻

常作为水族箱背景草

宽叶金鱼藻常生于浅水莲池，茎长 30 厘米左右

因金鱼藻缺乏根系固着底泥，大面积种植时必须保持水体的相对静止，否则易漂流

黑藻

茎圆柱形，有分枝，质较脆

叶为轮生，呈线形或长条形

茎伸长，有分枝，呈圆柱形，表面有纵向细棱纹，质较脆。休眠芽为长卵圆形；苞叶为狭披针形至披针形，呈螺旋状紧密排列，白色或淡黄绿色。叶为4~8枚轮生，呈线形或长条形。花单性，雌雄异株；雄佛焰苞近球形，绿色，表面有明显的纵棱纹，顶端有凸刺。果实呈圆柱形，内有茶褐色种子2~6粒。

生长环境：喜光照充足的生长环境，喜温暖，耐寒冷，夏季水温高于40℃时生长缓慢；多生于水田、池塘、沟渠、溪流、湖泊等水域中。

分布区域：广泛分布于亚欧大陆热带至温带地区，在我国各地均有分布。

繁殖方式：在生长期剪取茎段作为插穗扦插繁殖；也可通过播撒芽苞进行繁殖，春季水温回升后，直接将芽苞撒入水中，芽苞基部叶腋中会萌发不定根和新芽，长成新植株。

密植黑藻

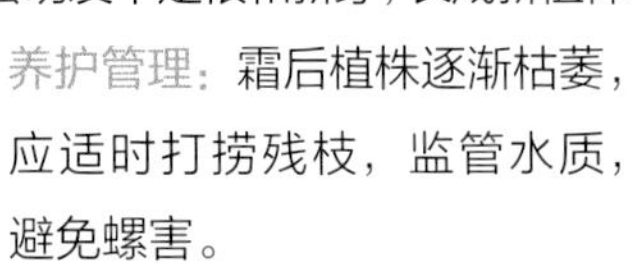

养护管理：霜后植株逐渐枯萎，应适时打捞残枝，监管水质，避免螺害。

药用价值：全草可入药，有清热解毒、利尿祛湿的功效，可治疮疖、无名肿毒。

生态价值：对污水中的铜、锌等重金属有较强的富集作用，可作为净化水质的先锋植物。

生长周期：3月初开始萌芽，6~9月为花果期。

可作为猪、鱼饲料，有些地方也将其作为鸭和鹅的饲料

丛植、片植均可，也能与挺水或浮水植物混植，具有很强的观赏性

缸培黑藻，匍匐枝的顶芽肥大，可越冬繁殖

野生黑藻间常有小鱼出没

篦齿眼子菜

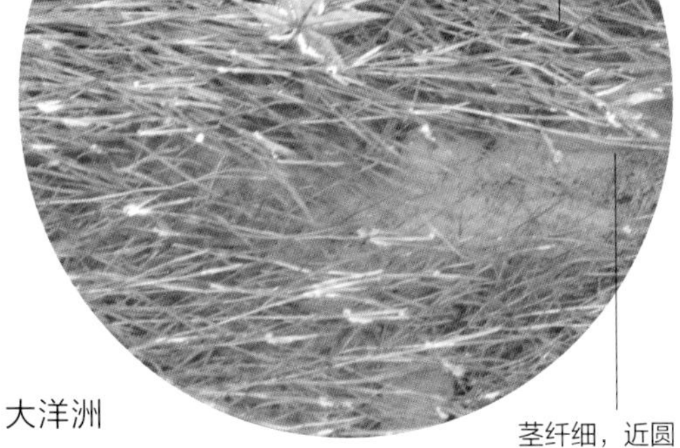

根茎发达，多有分枝。纤细的茎近圆柱形，下部分枝稀疏，上部分枝稍密集。叶为线形，先端渐尖或急尖，基部与托叶贴生成鞘；鞘长1~4厘米，绿色，边缘叠压而抱茎，顶端有无色膜质小舌片。穗状花序顶生，花4~7轮，间断排列。果实为倒卵形。

生长环境：喜温暖湿润的生长环境，喜微酸性或中性的水体环境，多生于河沟、水渠、池塘中。

分布区域：我国各地均有分布，大洋洲及北美洲等地亦有分布。

繁殖方式：有性繁殖和无性繁殖均可。有性繁殖时，种子采收后于水中贮藏，播种前需人工破坏种皮或经过变温处理，再进行播种。无性繁殖时，利用断枝进行自身繁殖，也可在生长期将断枝浅插在水体中进行人工繁殖。

药用价值：全草可入药，性凉，味微苦，有清热解毒的功效。

生态价值：有很好的耐受性，可作为修复沿海盐水河流水质的先锋植物。此外，篦齿眼子菜对微囊藻有明显的抑制作用。

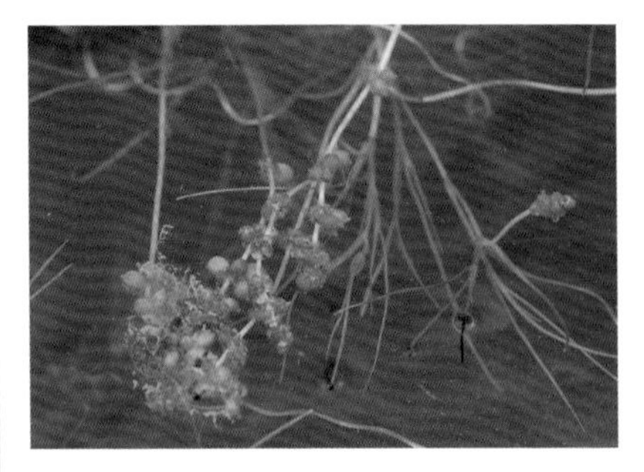

篦齿眼子菜的果序

冬季的篦齿眼子菜

生长周期：入春后，水温升至5℃以上开始萌芽，花果期为5~10月。

别名：禾叶眼子菜　科属：眼子菜科，眼子菜属　多年生沉水草本

微齿眼子菜

茎细长，有分枝　叶无柄，为条形

茎细长，有分枝，节处生有多数须根。叶为条形，无柄，先端钝圆，基部与托叶贴生成短的叶鞘，叶缘有微细的疏锯齿；叶鞘长抱茎，顶端有膜质小舌片。穗状花序顶生，有花 2~3 轮；花序梗与茎等粗；花小，有 4 枚被片，淡绿色，有雌蕊 4 枚。果实为倒卵形。

生长环境：喜温热也耐寒，在长江中下游以南地区可终年常绿，喜微酸的静水环境；多生于湖泊、池塘等处。

分布区域：我国东北、华北、华东、华中及西南等地均有分布，俄罗斯、朝鲜、日本等国亦有分布。

繁殖方式：以无性繁殖为主。利用其断枝可自行繁殖，也可进行人工扦插繁殖。

观赏价值：植株纤细飘逸，适宜种植在静止或水流缓慢的水域中，美化水面。也可片植或丛植于小型鱼池中，提升水境美感，为鱼、虾创造良好的栖息地。

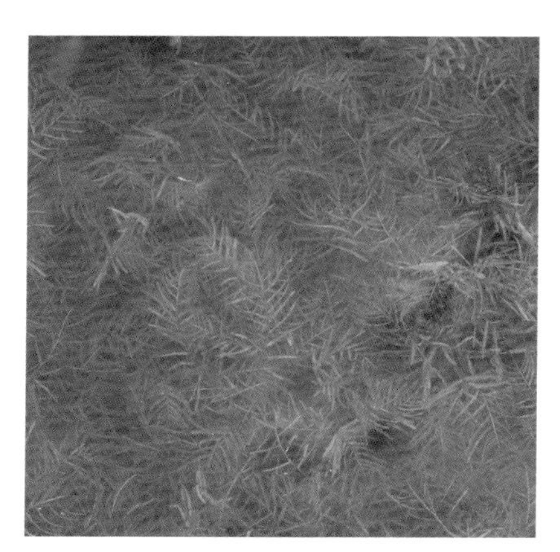

生长周期：花果期为 7~10 月。

别名：箬叶藻、马来眼子菜　　科属：眼子菜科，眼子菜属　　多年生沉水草本

竹叶眼子菜

茎为圆柱形，茎节处有须根

叶为条形或条状披针形

根茎较为发达，节处生有须根。茎为圆柱形，直径约 2 毫米。叶为条形或条状披针形，有长柄，少数有短柄。穗状花序顶生，有花多轮。果实呈倒卵形。

生长环境：喜温暖、光照充足的生长环境，较耐寒，在静水或流动的水体中皆能保持良好长势；多生于灌渠、池塘、河流等处。

分布区域：分布于俄罗斯、朝鲜、日本及印度等国，在我国各地均有分布。

繁殖方式：以无性繁殖为主。春季可利用地下根状茎上萌发的新芽完成新株繁殖。4~9 月生长期可剪取一定长度的茎做插穗，进行扦插繁殖。

经济价值：营养价值较高，可作为食草性鱼类、猪、鸭的饲料。

药用价值：全草可入药，有清热明目的功效。

穗状花序顶生，乳白色

潮湿地植株叶片为长卵形，顶端渐尖

生长周期：3~4 月开始萌芽，6~10 月为花果期。

尖叶眼子菜

沉水草本，无根茎；茎为椭圆柱形或近圆柱形，有分枝，基部常匍匐地面，节处生淡黄色须根。叶线形，无柄，微弯曲呈镰状，先端渐尖，基部渐狭，全缘。穗状花序顶生，有花 3~4 轮；花序梗自下而上稍膨大成棒状；花小，被片为绿色；有雌蕊 4 枚。果实呈倒卵形。

生长环境：性喜流动、洁净的水体，沙石基质为好；喜温热，不耐寒，喜光，耐阴性较差；多生于池塘、溪沟及江河中。

分布区域：广泛分布于全国各地，日本、朝鲜及印度等国亦有分布。

繁殖方式：以无性繁殖为主，要求圃地水质清澈见底。扦插繁殖时，可在生长季节剪取带有 3 节以上的插穗，插入沙质苗床，苗床水深在 30 厘米以上。

养护管理：注意对水质、水位的管理，要保持一定的透明度及清洁度。侵占性强，不适合与其他植物混植。

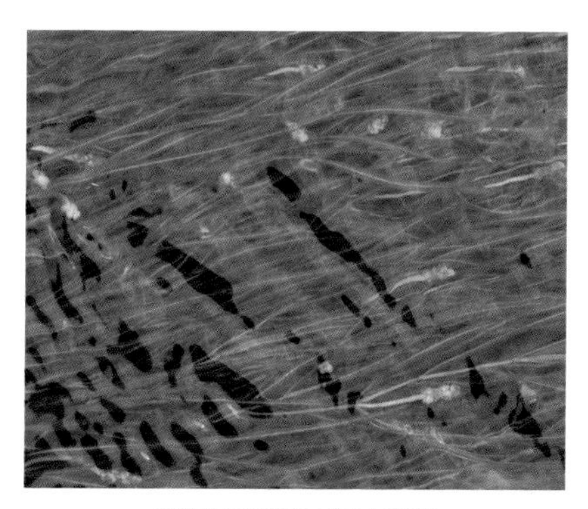

尖叶眼子菜花后沉水发育

尖叶眼子菜片植

生长周期：3 月下旬开始萌芽，4~8 月为花期。

别名：虾藻、虾草、札草、皱叶眼子菜　　科属：眼子菜科，眼子菜属　　多年生沉水草本

菹草

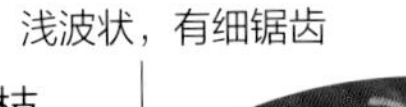

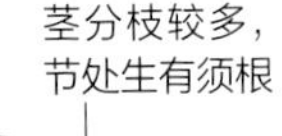

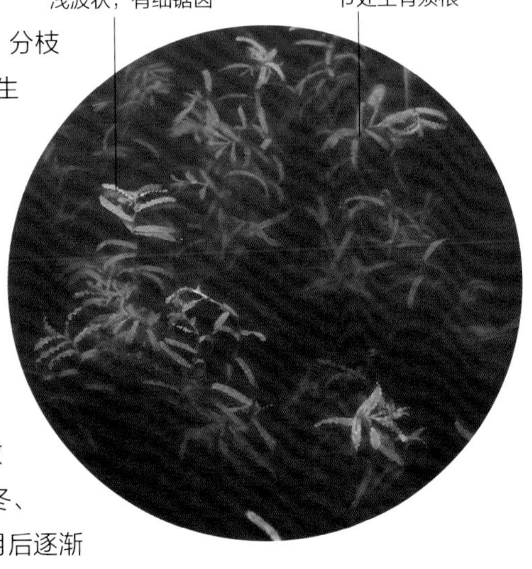

有近圆柱形的根茎；茎稍扁，分枝较多，近基部常匍匐地面，节处生有须根。叶为条形，无柄，先端钝圆，基部约1毫米与托叶合生，叶缘略呈浅波状，有细锯齿。穗状花序顶生，有花2~4轮；花序梗棒状，较茎细；花小，有被片4枚，淡绿色，雌蕊4枚，基部合生。果实呈卵形。

生长周期：菹草的生命周期与多数水生植物不同，它在秋季发芽，冬、春季生长，4~5月开花结果，6月后逐渐衰退腐烂，同时形成芽苞，可以越冬。

分布区域：广泛分布于世界各地。

繁殖方式：用根状茎及芽苞进行繁殖。根状茎繁殖时，于每年的12月至翌年3月，将根状茎分割成长25~35厘米的插穗，按3~5枝一丛插入底泥中即可。芽孢繁殖时，于9~11月，将芽孢直接均匀撒播在水面即可。

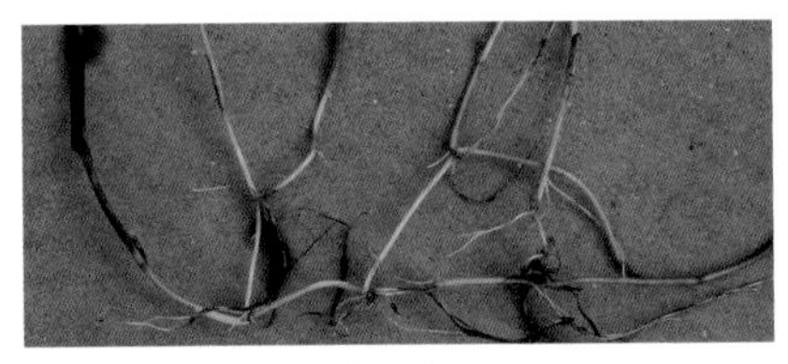

菹草的根系

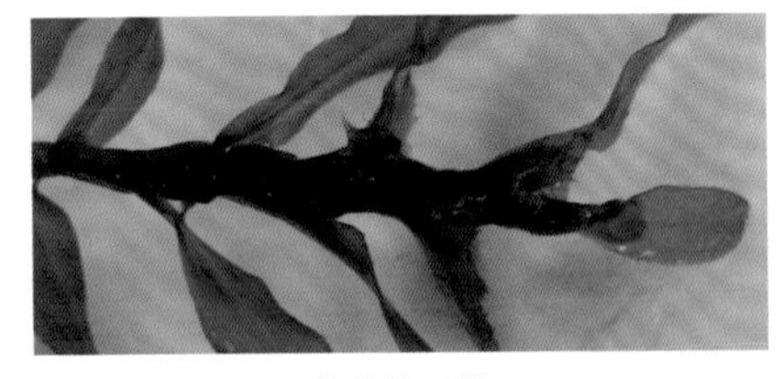

菹草的顶芽

菹草群落

生长周期：秋季发芽，冬春生长，4~5月开花结果。

第五章

湿生植物

湿生植物多指喜水性植物，但植株的根茎以上部分不宜长期浸泡在水中。其广义上是指生长在沼泽、水池或小溪边沿湿润土壤中的植物；狭义上是指生长在水陆交汇处、土壤潮湿或有浅层积水环境中的植物。如水蓼、红蓼、花菖蒲、大叶蚁塔等。

蒲苇

雌雄异株；茎秆高大粗壮，高 2~3 米，丛生；叶片质硬，狭窄，簇生于秆基，边缘有锯齿。圆锥花序大而稠密，银白色至粉红色；雌花穗每一小穗轴节处密生绢丝状毛，每小穗有 2~3 朵花；雄穗为宽塔形，无毛。

茎秆高大粗壮，丛生

叶片簇生于秆基

生长环境：喜温暖湿润、阳光充足的环境，有较好的耐寒性；对土质要求不高，喜肥也耐贫瘠，在疏松和黏性重的土壤中均能保持良好长势；喜水也耐旱，在旱地、浅水区和易积水区域均可种植。

分布区域：原产于南美洲，现我国华北、华中、华南、华东等地均有栽培。

观赏价值：花穗长而美丽，丛植、片植均可。丛植可点缀庭院，片植可装饰水岸线，也可孤植于置石旁、水系线条变化处、建筑物及构筑物旁。

矮蒲苇

圆锥花序大而稠密，银白色至粉红色，十分别致

生长周期：北方地区于 4 月上旬萌芽，花期为 8 月下旬至 9 月上旬，10 月底开始落叶。

园艺种类：（1）矮蒲苇。多年生草本植物，株高 1.2 米左右，叶聚生于基部，长而狭，边缘有细齿；银白色的圆锥大花序，呈羽毛状。矮蒲苇的植株强健，耐寒，喜温暖、阳光充足及湿润的环境，要求土壤排水良好。矮蒲苇花序紧密、花量多，更宜在花境及家庭园艺中应用。

（2）粉蒲苇。茎极狭，长约 1 米，宽约 2 厘米，略下垂，边缘有细齿，呈灰绿色。圆锥花序，呈羽状，粉红色。多应用于建筑物、构筑物旁的点缀，在花坛中可孤植或丛植。

丛植于水际线附近

花穗可做室内插花

陆地种植

生长周期：北方地区于 4 月上旬萌芽，南方地区于 3 月中下旬萌芽，9~10 月开花。

大花美人蕉

株高约1.5米，茎、叶和花序均被白粉。叶为椭圆形，叶缘、叶鞘紫色。总状花序顶生，花大而密集，每一苞片内有花1~2朵；萼片为披针形；花冠裂片披针形；外轮退化有雄蕊3枚，呈倒卵状匙形，颜色丰富；唇瓣呈倒卵状匙形；发育雄蕊为披针形。

生长环境：喜温暖湿润的气候环境，喜阳光充足，不耐寒，怕强风和霜冻；对土壤要求不高，可耐瘠薄，在肥沃、湿润、排水良好的土壤中生长良好。

分布区域：原产于美洲热带地区，现我国各地均有栽植。

观赏价值：叶片翠绿，花朵艳丽，花色丰富，宜作花境背景或在花坛中心栽植，也可丛植或呈带状种植在林缘、草地边缘及水岸边。

园艺种类：（1）美人蕉。多年生宿根草本植物，原产于印度、马来半岛等热带

叶为椭圆形，叶缘、叶鞘呈紫色

花硕大而鲜艳

生长周期：早春开始萌芽，6月始花，花期至霜降。

地区。全株绿色无毛，被蜡质白粉；地上枝丛生；单叶互生；有鞘状的叶柄；叶片为卵状长圆形。花为单生或对生，红色；花果期为 3~12 月。

（2）柔瓣美人蕉。叶片为长圆状披针形；总状花序直立，花少而疏；花黄色，质柔而脆；萼片为披针形绿色；花冠管明显，长达萼的 2 倍；花后反折。夏、秋两季开花，适宜作为庭园观赏植物。

（3）紫叶美人蕉。茎粗壮，高约 1 米，呈紫红色，叶片密集，为卵形或卵状长圆形，暗绿色，叶脉略呈染紫或古铜色。总状花序超出于叶片之上；苞片紫色，卵形，萼片披针形，紫色；唇瓣舌状或线状长圆形，顶端微凹或 2 裂，弯曲，呈红色；夏、秋季开花。

（4）金叶美人蕉。地上茎直立，高 50~150 厘米，叶大型，互生，呈长椭圆形，茎叶有白粉，叶色黄绿相间；数十朵花簇生在一起，花为橙红色，花期为 6~10 月。金叶美人蕉喜阳光充足和温暖的环境，不耐寒，在我国华南地区可四季开花；对土壤要求不高，喜生于土层深厚、疏松、肥沃而排水良好的基质中。

美人蕉

柔瓣美人蕉

紫叶美人蕉

金叶美人蕉

大叶蚁塔

大型观叶植物，植株高 4 米左右。叶片表面粗糙，厚革质；叶柄粗壮，布满尖刺，颜色嫩绿。圆锥塔状花序，淡绿带棕红色。种子细小，种皮坚硬。

生长环境：喜温暖潮湿的生长环境，忌高温，耐寒性弱，喜光照、水分充足、土壤肥沃的环境中，通常栽种于溪流、池塘边。

分布区域：原产于南美洲，在我国广东、广西、云南等地均有栽培。

种植要领：喜基质肥沃，可定植于潮湿地或水岸边；大叶蚁塔的植株高大，株行距应保持在 3 米左右。

叶巨大，叶片表面粗糙，厚革质

叶柄粗壮，布满尖刺，嫩绿色

圆锥塔状花序，淡绿带棕红色

孤植于水系边缘

丛植于路旁

生长周期：花期 7~8 月，果期 10 月。

半边莲

植株矮小，高 6~15 厘米，茎细弱，茎节可生根，有直立的分枝。叶为互生，无柄或近无柄，呈椭圆状披针形至条形，先端急尖，基部圆形至阔楔形，全缘或顶部有明显的锯齿。花单生在分枝的上部叶腋；花梗细。

生长环境：喜潮湿环境，稍耐旱，耐寒，可在田间自然越冬；可挺水、湿生，亦可陆生；喜光，耐阴，在全日照下和林下均能生长；多生于田埂、草地、沟边、溪边等潮湿处。

分布区域：我国长江中、下游及以南各地常见，印度以东的亚洲其他各国亦有分布。

繁殖方式：有性繁殖和无性繁殖均可。有性繁殖时，在春季 4~5 月进行播种，新苗长出后，根据株丛大小，每株丛可分为 4~6 株。无性繁殖时，可在高温、高湿季节进行扦插繁殖，将植株茎枝剪下，分段后扦插于圃地，温度控制在 24~30 ℃为宜，保持土壤潮湿，约 10 天后可生根。

花冠粉红色或白色

药用价值：全草可入药，有清热解毒、利尿消肿的功效，可辅助治疗毒蛇咬伤、肝硬化腹水、血吸虫病腹水、阑尾炎等症。

生长周期：2 月底至 3 月初开始萌芽，5~10 月为花果期。

西伯利亚鸢尾

根状茎粗壮，斜伸；须根黄白色，绳索状，有皱缩的横纹。叶灰绿色，条形，顶端渐尖。花茎高于叶片，平滑，有 1~2 枚茎生叶。苞片 3 枚，膜质，绿色，边缘略带红紫色，狭卵形或披针形，顶端短渐尖，有 2 朵花；花蓝紫色；外花被裂片倒卵形，上部反折下垂，内花被裂片狭椭圆形或倒披针形，直立。蒴果呈卵状圆柱形、长圆柱形或椭圆状柱形，无喙。品种繁多。

条形叶，顶端渐尖

花茎高于叶片，平滑状

生长环境：耐寒又耐热，在浅水、林荫、旱地或盆栽均能生长良好；抗病性强，是鸢尾属中适应性较强的一种。

分布区域：原产于中欧和亚洲，在我国华北、华东地区均有栽培。

繁殖方式：有性繁殖和无性繁殖均可。以分株繁殖应用较多，在春季起苗后，按 2~4 芽分切成小丛，然后移栽至苗床，再灌水至土壤饱和。

造景时常用的植株

蒴果呈卵状圆柱形、长圆柱形或椭圆状柱形，无喙

生长周期：3 月底至 4 月初萌芽，5 月初始花，11 月叶逐渐枯黄。

白色西伯利亚鸢尾

花葶直立，花蓝紫色

带状种植于水际线以上

常用于装饰花境

丛植于园林一角，开花后十分美观

片植非常壮观，适合配置于水际线两侧

花菖蒲

玉蝉花的变种，其根状茎短而粗，须根多并有纤维状枯叶梢，叶基生，呈线形；叶中脉凸起，两侧脉较平整。花葶直立并伴有退化叶 1~3 枚；花径可达 15 厘米以上；外轮 3 片花瓣呈椭圆形至倒卵形，中部有黄斑和紫纹，立瓣呈狭倒披针形。蒴果呈长圆形，有棱，种皮褐黑色。在日本，花菖蒲品种有 5 000 种以上。

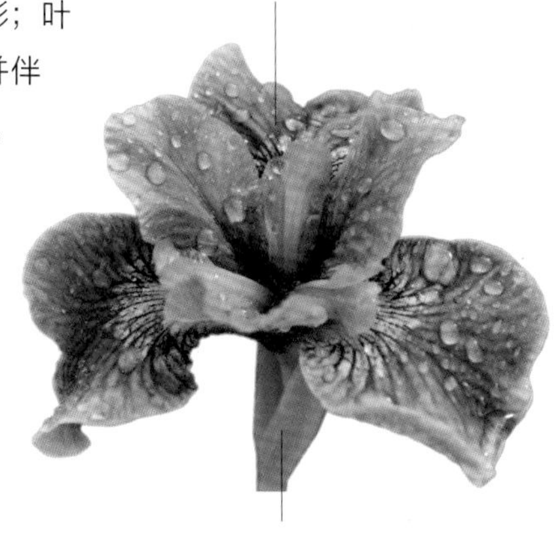

花直径可达 15 厘米以上

花葶直立，伴有退化叶 1~3 枚

生长环境：喜水湿，喜肥沃、湿润的土壤条件，忌石灰质土壤，耐寒；多生于沼泽地或河岸水湿地；既能在浅水中生长，也能旱生栽培。

分布区域：原种产于我国和日本，朝鲜、俄罗斯等国亦有分布；园艺品种在我国辽宁、山东等地及长江流域各省均有栽培。

养护管理：应保持足够的水分，但水位要控制在根茎以下。短期淹没根茎也无妨，但忌整株被淹没。

观赏价值：花朵硕大，色彩艳丽，如鸢似蝶，花期较长；叶片青翠碧绿，挺直似剑；盆栽、丛植、片植均可。宜于水际线配置，中、大面积片植。大面积片植景色壮观，可在湿地公园中应用。

生态价值：可用于轻度和中度铜污染土壤的修复，以及人工湿地的改善与美化。

生长周期：春季萌发较早，5 月初开始开花，6 月中旬花期结束。

金荞麦

株高 50~150 厘米，全体微被白色柔毛；根茎粗大，呈结状，横走，红褐色。茎纤细，多分枝，有棱槽，淡绿微带红色。单叶互生，叶片为戟状三角形，长宽约相等；顶部叶先端渐尖或尾尖状，全缘或有微波。聚伞花序顶生或腋生；有花被 5 枚，雄蕊 3 枚，花柱 3 枚。为国家二级重点保护野生植物。注意不能采集野生种应用。

生长环境：性喜光，喜温暖湿润的生长环境，也有较好的耐寒性，适应性强，可湿生亦可旱生；常生于沟谷两旁、林下阴湿处、山坡旷地等处。

分布区域：在我国江苏、安徽、江西、浙江、福建、湖北、湖南、广东、四川、云南、贵州等地均有分布。

药用价值：根茎可入药，有清热解毒、软坚散结、调经止痛等功效，可辅助治疗跌打损伤、腰肌劳损、咽喉肿痛及痢疾等症。

单叶互生，戟状三角形

茎纤细，多分枝，淡绿微带红色

白色花数多组成聚伞花序

片植金荞麦

生长周期：3 月开始萌芽，7~10 月进入花果期。

红蓼

茎粗壮直立，高2米左右，叶为宽卵形、宽椭圆形或卵状披针形，顶端渐尖，基部圆形或近心形，两面密生短柔毛；叶脉上密生长柔毛；叶柄有柔毛；托叶鞘筒状，膜质。总状花序呈穗状，顶生或腋生，花紧密，微下垂；苞片宽漏斗状，草质，绿色，花淡红色或白色；花被片呈椭圆形，花盘明显。瘦果近圆形。

生长环境：喜温暖湿润环境，喜光照充足。对土壤要求不高，喜肥沃、湿润、疏松的土壤，也耐瘠薄；喜水又耐干旱，常生于村庄、路旁、河川两岸的草地及河滩湿地。

分布区域：广泛分布于我国除西藏外的地区；朝鲜、日本、菲律宾、印度等国多见，欧洲和大洋洲亦有分布。

药用价值：入药有祛风除湿、清热解毒、活血、截疟等功效。主治风湿痹痛、痢疾、腹泻、吐泻转筋、水肿、脚气、痈疮疔疖、蛇虫咬伤、小儿疳积疝气、跌打损伤、疟疾等症。

开花时非常美丽

花序微微下垂，淡红色小花排列密集

生长周期：2月底至4月初开始萌芽，花期为5~10月。

斑茅

秆粗壮，有多数节。叶鞘长于其节间，基部或上部边缘和鞘口具柔毛；叶舌膜质，叶片宽大，为线状披针形，顶端长渐尖，基部渐变窄，中脉粗壮，上面基部生柔毛，边缘锯齿状粗糙。狭披针形的小穗，无柄或有柄，呈黄绿色或带紫色，组成大而稠密的圆锥花序；花序轴每节着生 2~4 枚分枝，每一分枝有 2~3 回分出。颖果长圆形，胚长为颖果的一半。

叶为线状披针形　　秆粗壮，有多数节

生长环境：适应性强，喜水也耐干旱，但根茎以上不宜长期浸泡在水中；耐贫瘠，在山石断面和荒山荒地中亦能生长；常生于山坡、河岸和溪涧等处。

分布区域：在我国华东、华南、西南及陕西南部等地均有分布；在印度、缅甸、泰国、越南、马来西亚等国亦有分布。

养护管理：霜后及时清理枯萎的残叶，既能在冬季预防火灾，又有利于春季新芽的萌发。

观赏价值：植株高挺秀丽，花序修长漂亮，银色飘逸，丛植、片植均可。丛植适用于构筑物、建筑物或置石旁；片植宜用于滩涂、孤岛或湖泊消落带。

大而稠密的圆锥花序

丛植斑茅

生长周期：3~4 月开始萌芽，8~11 月为花果期。

狼尾草

圆锥花序，淡绿色或紫色

秆直立，丛生

秆直立，高 30~120 厘米，丛生。叶鞘光滑；叶舌长有纤毛；叶片为线形，先端长渐尖，基部生疣毛。圆锥花序；主轴密生柔毛；总梗长 2~5 毫米，有粗糙的刚毛，淡绿色或紫色；小穗通常单生，少有双生，呈线状披针形；花药顶端无毛；花柱基部联合。颖果长圆形。

生长环境：适应性强，耐水湿，也耐旱，喜肥，耐贫瘠，在肥沃壤土、湿润的沙土均能长势良好；多生于海拔 3 200 米以下的田岸、荒地、道旁、小山坡上及沼泽地。

分布区域：我国各地均有分布；日本、印度、朝鲜、缅甸、巴基斯坦、越南、菲律宾、马来西亚等国多见，大洋洲及非洲也有分布。

药用价值：性甘，味平，入药有清肺止咳、凉血明目等功效，可治疗肺热咳嗽、咯血、目赤肿痛、痈肿疮毒等症。

丛植于林缘

装饰花境

生长周期：3 月初开始萌芽，夏、秋两季为花期。

别名：龙须、蓝草、蓝地柏、绿绒草　　科属：卷柏科，卷柏属　　多年生湿生草本

翠云草

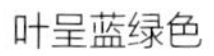

茎伏地蔓生，极为细软，分枝较多，在分枝处生有不定根。叶呈蓝绿色，主茎纤细，呈褐黄色，分生的侧枝着生细致如鳞片的小叶片；羽叶细密，并发出蓝宝石般的光泽；小叶为卵形，孢子叶为卵状三角形。

生长环境：喜温暖湿润的半阴环境，喜多腐殖质土壤；常生长于海拔1 000 米以下的山谷林下或溪边阴湿杂草中。

分布区域：为我国特有植物，分布于浙江、福建、台湾、广东、广西、湖南、贵州、云南、四川等地。

药用价值：入药有清热利湿、止血、止咳等功效，可治慢性黄疸型传染性肝炎、胆囊炎、肠炎、痢疾、肾炎水肿、泌尿系统感染、风湿性关节炎、肺结核咯血等症；外用可治疖肿、烧烫伤、外伤出血、跌打损伤等。

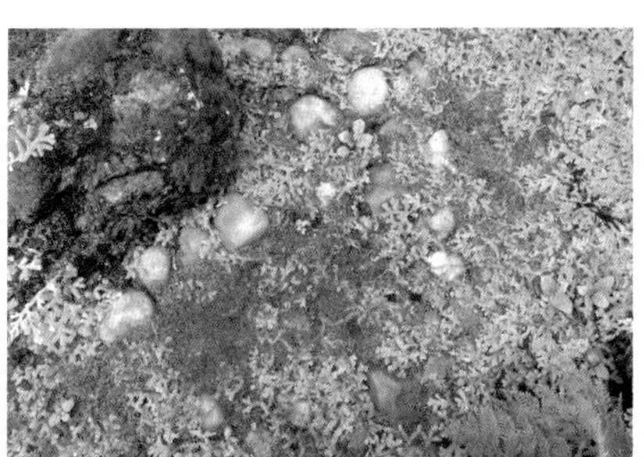

生长周期：生长期为春季，雨季为生长旺盛期。

别名：铁丝草、黑脚蕨、铁线草　　科属：凤尾蕨科，铁线蕨属　多年生湿生草本

铁线蕨

植株高15~40厘米；根状茎细长横走，生有棕色披针形鳞片。叶远生或近生；叶片为卵状三角形，尖头，基部楔形，中部以下多为二回羽状，中部以上为一回奇数羽状；羽片为3~5对，互生，斜向上，有柄；叶干后薄草质，草绿色或褐绿色，两面均无毛。孢子囊群每羽片3~10枚；囊群盖长形、长肾形成圆肾形，上缘平直，淡黄绿色，老时棕色，膜质，全缘，宿存；孢子周壁有粗颗粒状纹饰。

叶片为卵状三角形，二回羽状或一回奇数羽状

茎纤细

生长环境：喜湿润环境，喜散射光，常生长于流动的溪水边或滴水岩壁上。

分布区域：我国台湾、浙江、福建、广东、广西等地均有分布，非洲、美洲、欧洲、大洋洲及亚洲温暖地区也有分布。

繁殖方式：无性繁殖和孢子繁殖均可。无性繁殖时，多采用分株法，每丛需带有根茎和叶片，栽种后于根茎周围覆土，浇水后放在阴凉处养护。孢子繁殖时，将长有孢子的叶片洒于湿土中，不需要覆土，利用水分的蒸发，促使叶片生长即可。

盆栽铁线蕨，可置于室内，改善室内环境

生态价值：每株成熟期铁线蕨每小时能吸收大约20微克的甲醛，被认为是有效的“生物净化器”。

药用价值：全草可入药，有祛风、活络、解热、止血、生肌的功效。

生长周期：生长期为春、夏、秋三季。

喜生于潮湿处

铁线蕨造景

在滴水的岩壁上经常能发现它们的身影

喜生于潮湿的墙垣

丛植于置石旁

藓类植物与铁线蕨常常混生

葫芦藓

植物体丛集或呈大面积散生，呈黄绿色带红色。茎长 1~3 厘米，单一或自基部分枝。叶在茎先端簇生，干时皱缩，湿时倾立，呈阔卵圆形、卵状披针形或倒卵圆形，先端急尖，叶边全缘，两侧边缘往往内卷；中肋至顶或突出。孢蒴梨形，不对称，多垂倾，有明显的台部；蒴齿两层，外齿片与内层齿条对生，均呈狭长线状披针形。

茎纤细

孢蒴梨形，不对称，多垂倾

叶边全缘，两侧边缘往往内卷

生长环境：喜阴湿的环境，多生于林地、林缘或路边土壁上，在岩面薄土上或洞边、墙边等阴凉湿润的地方也常见。

分布区域：全世界广泛分布；我国主要分布于东北、华北、华东、华中及西南等地。

药用价值：全草可以入药，主治痨伤吐血、跌打损伤、湿气脚痛等症。

生态价值：葫芦藓的叶只有一层细胞，二氧化硫等有毒气体可以从背腹两面侵入细胞，从而威胁它的生存，基于葫芦藓的这个特点，可将其作为监测空气污染程度的指示植物。

梨形的孢蒴

喜欢阴暗的地方，或稀疏或稠密地长在一起

生长周期：夏、秋两季孢子成熟可采食。

地钱

叶状体扁平，呈带状　淡绿色或深绿色

叶状体扁平，呈带状，多回二歧分枝，淡绿色或深绿色，宽约1厘米，长可达10厘米，边缘略有不规则的波曲，多交织成片生长。背面有六角形气室，气孔口为烟突式，内着生多数直立的营养丝。叶状体的基本组织厚12～20层细胞；腹面有6列紫色鳞片，鳞片尖部有呈心形的附着物；假根密生鳞片基部。雌雄异株，雄托圆盘状，波状浅裂成7～8瓣；雌托扁平，深裂成6～10枚指状瓣。

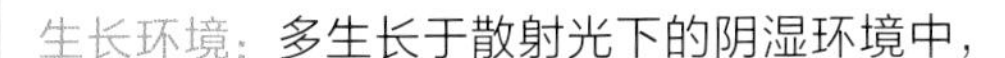

生长环境：多生长于散射光下的阴湿环境中，如阴湿的墙角、溪边，也常见于温室的潮湿地面上。

分布区域：我国北部、西部及长江流域等地区常见。

养护管理：应注意控温、控湿。温度需保持在15~20℃，保证土壤湿度，不能见明水，并及时清理变黄的残体。

药用价值：全草可入药，四季可采。有清热解毒、祛腐生肌等功效，外用可治疗烧烫伤、骨折、毒蛇咬伤、疮痈肿毒等症。

生长周期：春季雨后开始萌发，雨季进入生长旺盛期。

桫椤

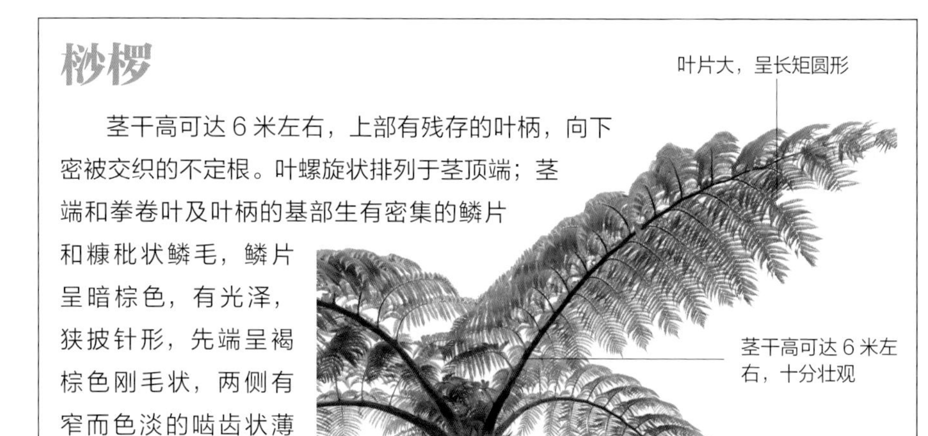

茎干高可达 6 米左右，上部有残存的叶柄，向下密被交织的不定根。叶螺旋状排列于茎顶端；茎端和拳卷叶及叶柄的基部生有密集的鳞片和糠秕状鳞毛，鳞片呈暗棕色，有光泽，狭披针形，先端呈褐棕色刚毛状，两侧有窄而色淡的啮齿状薄边；叶柄为棕色或上面较淡，叶片大，呈长矩圆形，羽状深裂。孢子囊群孢生于侧脉分叉处，囊托突起，囊群盖球形。

生长环境：为较耐阴的树种，喜温暖潮湿、阳光充足的环境，常生于山地溪旁或疏林中。

分布区域：主要生长在热带和亚热带地区，主要分布于日本、越南、柬埔寨、泰国、缅甸、孟加拉国、不丹、尼泊尔和印度等国。在我国福建、台湾、浙江、广东、海南、香港、广西、贵州、云南、四川、江西等地均有分布。

繁殖方式：孢子繁殖。先将孢子与叶片分离，再将叶片和孢子装入筛内筛取孢子粒和黑黄色粉末，撒播。

园艺种类：大叶黑桫椤、粗齿桫椤、阴生桫椤、小黑桫椤等。

叶片有羽状深裂

桫椤盆栽

生长周期：3~4 月开始萌芽，5~9 月迎来盛花期，6~10 月种子逐渐成熟。

种植于溪流河畔

种植于湿地边缘

大叶黑桫椤

阴生桫椤

小黑桫椤

粗齿桫椤

凤尾蕨

植株高 50~70 厘米；根状茎短，直立或斜升，先端生有黑褐 色鳞片。叶簇生，二型或近二型；叶柄为禾秆色，有时略带棕色或为栗色，表面平滑；叶片为卵圆形，叶边有小锯齿，叶干后为纸质，绿色或灰绿色。

生长环境：喜温暖、湿润、阴暗的环境，忌涝，喜阴，较耐寒，生长适宜温度为 10~26℃，喜透水性良好的土壤；常生长于竹林边、河谷、墙壁、井边、石缝和林下阴湿等处。

分布区域：我国大部分地区均有分布，欧洲、非洲等地亦有分布。

繁殖方式：孢子繁殖。孢子在高温、高湿的环境中繁殖率较高，播种前先对栽植容器和基质消毒，孢子萌发后，待苗长至 3~5 片真叶时，便可上盆栽培。

养护管理：喜湿润环境，生长季水分供应要充足，通常 2~3 天浇水 1 次；生长速度快，要及时去除死叶、黄叶，促进植株间通气顺畅，保持植株整体美观。

凤尾蕨盆栽

观赏价值：虽然不开花，但叶形千姿百态、青翠碧绿，可小体量地点缀在假山、石墙或小型水景旁，也可作为盆栽或插花。

药用价值：全株可入药，有调节血压、驱虫等作用，对头晕失眠、高血压、慢性腰酸背痛、关节炎、慢性肾炎、肺病诸症有较好疗效。

生长周期：生长期为春、夏两季。

与凤尾蕨有些相似，但属于金星蕨科、卵果蕨属的延羽卵果蕨

西南凤尾蕨植株较高

斜羽凤尾蕨

长叶舒筋草

银脉凤尾蕨

白玉凤尾蕨

肾蕨

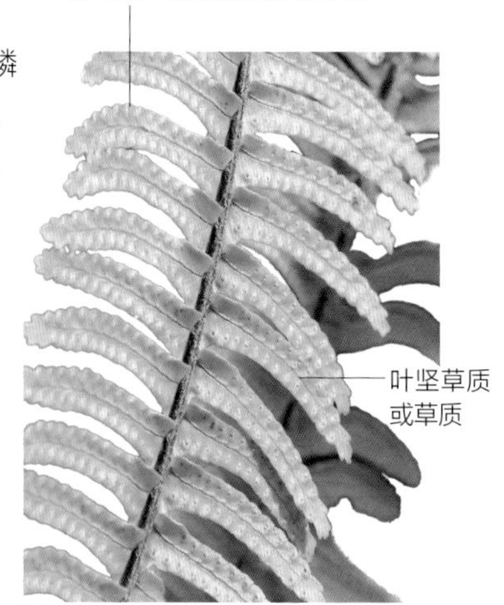

根状茎直立，有蓬松的淡棕色长钻形鳞片，匍匐茎向四方横展，棕褐色，不分枝，有纤细的褐棕色须根。叶簇生，暗褐色，略有光泽，叶片线状披针形或狭披针形，一回羽状，羽状多数，互生，常密集而呈覆瓦状排列，披针形；叶缘有疏浅的钝锯齿；叶脉明显；叶坚草质或草质。孢子囊群成1行位于主脉两侧，肾形；囊群盖肾形，褐棕色，边缘色较淡，无毛。

生长环境：喜温暖潮湿的环境，自然萌发力强，喜半阴，忌强光直射，对土壤要求不高；不耐寒，较耐旱，耐瘠薄；常地生和附生于溪边林下的石缝中和树干上。

分布区域：原产于热带和亚热带地区，我国华南各地林下均有分布。

养护管理：较耐阴，只要能受到散射光的照射，避免强光照射就能生长良好；春、秋两季，每天保证4小时的光照，冬、夏季以散射光为宜。

药用价值：全草可入药，全年均可采收，可清热利湿、宁肺止咳、软坚消积，常用于治疗感冒发热、咳嗽、肺结核咯血、痢疾等症。

观赏价值：在园林中可作阴性地被植物或布置在墙角、假山和水池边。其叶片可做切花、插瓶的陪衬材料。

生态价值：可吸附砷、铅等重金属，被誉为“土壤清洁工”。

孢子囊群成一行位于主脉两侧

叶片生长过程

肾蕨密植

生长周期：春、秋生长旺盛期；夏、冬季为休眠期。

巢蕨

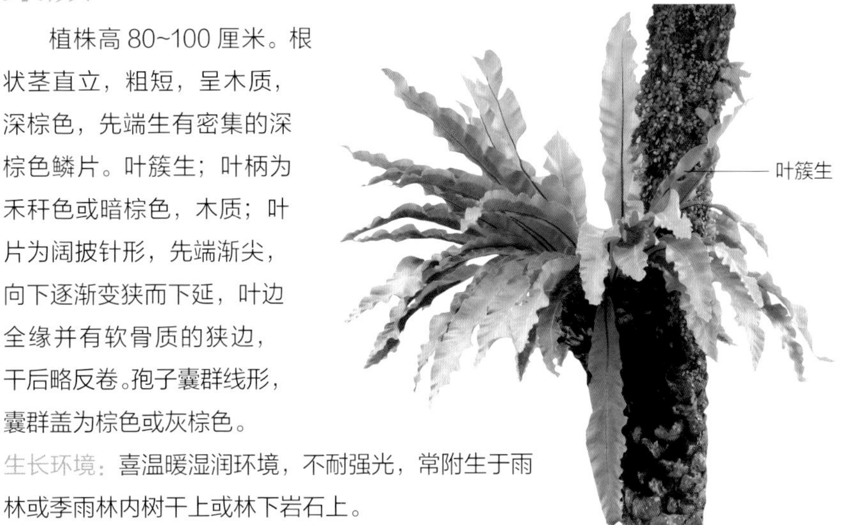

植株高80~100厘米。根状茎直立，粗短，呈木质，深棕色，先端生有密集的深棕色鳞片。叶簇生；叶柄为禾秆色或暗棕色，木质；叶片为阔披针形，先端渐尖，向下逐渐变狭而下延，叶边全缘并有软骨质的狭边，干后略反卷。孢子囊群线形，囊群盖为棕色或灰棕色。

生长环境：喜温暖湿润环境，不耐强光，常附生于雨林或季雨林内树干上或林下岩石上。

分布区域：在我国台湾、广东、广西、海南、云南等地均有分布；非洲东部、东南亚大部分热带地区常见，日本、韩国、澳大利亚等地亦有分布。

养护管理：避免植株长时间处于高温、高湿、通风不良的环境中，否则叶片易感染炭疽病。

药用价值：可入药，有强壮筋骨、活血祛瘀的作用，可用于治疗跌打损伤、血瘀、头痛、血淋、阳痿、淋病等症。

孢子囊群线形

巢蕨盆栽

生长周期：春、秋季为生长旺盛期；夏、冬季为休眠期。

水仙

肉质根乳白色，圆柱形。球茎为圆锥形或卵圆形，球茎外皮有黄褐色纸质薄膜。叶为扁平带状，苍绿色，叶面上有霜粉。伞状花序，花序轴从叶丛中抽出；小花呈扇形，着生在花序轴顶端，外有膜质佛焰苞包裹，筒状；花瓣多为6枚，花瓣末处呈鹅黄色。水仙又叫中国水仙，是唐代时从意大利引进的，是其原种欧洲水仙的变种，在中国已有1 000多年的栽培历史，是中国十大传统名花之一。水仙与兰花、菊花、菖蒲并称为“花中四雅”，又与梅花、山茶花、迎春花并列为“雪中四友”。

生长周期：秋、冬季为生长期，早春开花。人工栽培可调节温度控制花期。

生长环境：喜温暖潮湿且阳光充足的环境，不耐寒。喜疏松、肥沃的微酸性沙壤土，也可水培。

分布区域：产于我国东南沿海地区，现各地所见者大多为供观赏的栽培种。

注意事项：水仙全株有毒，鳞茎毒性较大。误食后会产生呕吐、腹痛、体温升高、脉搏频微、昏睡、虚脱等症状，严重者可因痉挛、麻痹而死。

观赏价值：水仙花清香怡人，对于清洁家居环境有不错的效果，一般水养栽培，摆放在室内；也可用于室外园林栽培。

药用价值：鳞茎可入药，具有清热解毒、散结消肿等功效。

经济价值：花朵可提炼香精，用来制作香水或化妆用品。

黄水仙：石蒜科黄水仙属，又叫洋水仙。鳞茎球形。叶 4~6 片，直立向上，宽线形，粉绿色，钝头。花茎高约 30 厘米，顶端生花 1 朵；佛焰苞状；花被管倒圆锥形，花被裂片长圆形，花淡黄色；副花冠呈浅杯状，边缘红色。

南美水仙：石蒜科南美水仙属。叶宽大，深绿色，有光泽。顶生伞形花序，着生花 5~7 朵，花为纯白色，有芳香；花冠筒呈圆柱形，中央生有 1 个副花冠，花瓣开展，呈星状；花朵硕大，洁白无瑕，姿态优雅，亭亭玉立。

东方杉

半常绿或常绿高大乔木，为墨西哥落羽杉与柳杉远缘杂交的杉科新品种，不结种子。生长快、适应性广、抗逆性强。树干基部圆整，无板状根；树冠近圆锥形、椭圆球形、梨形和圆柱形等多种类型。

生长环境：喜温暖湿润的生长环境，耐水湿，耐盐碱，在土壤含盐量接近 0.4%、pH 值接近 9 及常年涝洼水淹的条件下，都能正常生长。

分布区域：在我国华东、华南、西南和中南等地均有栽植。

繁殖方式：为远缘杂交的杉科新品种，要采用嫩枝扦插繁育技术，繁殖时间为 6~8 月。

种植要领：种植环境应选择水深 1 米以内或陆地中，起苗要带土球，保持苗木根系完好；栽植时要根据苗木规格挖好种植穴；栽植时要巧施肥，灌透水。

生态价值：根系不怕水淹，材质坚韧，防浪护堤效果好，少有病虫害，是防浪护堤、涵养水源、清洁水质的新树种。

生长周期：4 月下旬开始萌芽并进入生长期。